ESTILOS Y ESTRATEGIAS DE APRENDIZAJE
APRENDIZAJE
Aplicación práctica en el aula

ESTILOS Y ESTRATEGIAS DE APRENDIZAJE
Aplicación práctica en el aula

INSTITUTO SUPERIOR DE INVESTIGACIÓN EN CIENCIAS DE LA EDUCACIÓN A.C.

Camerina Cobos Varilla

Primera edición, 2019
D.R. © 2019 Camerina Cobos Varilla
camerinacobos@hotmail.com

Portada y maquetación:
Jorge Luis Cruz Pérez

ISBN-10: 1694620778
ISBN-13: 9781694620774

Mención especial para el artista fotógrafo Gerd Altmann, de Pixabay, por su contribución indirecta para la creación de la portada de *Estilos y estrategias de aprendizaje*.

Impreso y hecho en México
Printed and made in Mexico

Ser joven

La juventud es algo más que una etapa
De la vida, es una actitud mental
Frente a ella.

Ser joven es tener temple en la voluntad,
Calidad y altura en la imaginación,
Vigor en las emociones.

Solo seremos viejos cuando hayamos perdido nuestros ideales.

Seremos jóvenes en la medida de nuestra fe,
De la confianza en nosotros mismos, y en tanto
La esperanza aliente nuestro ánimo.

Mientras nuestro corazón sea capaz de recibir
Mensajes de belleza, alegría y de entusiasmo,
Seguiremos siendo jóvenes.

Solo habremos envejecido si al corazón lo
Cubren las nieves del escepticismo y los hielos de la derrota.

Rudyard Kipling

Agradezco:

A Dios por permitir compartir mis ideas.

A mi esposo y mis hijos por ser parte de la inspiración de este trabajo académico.

A mis amigos por sus experiencias compartidas.

A mis alumnos que con sus interacciones diarias son el motor que me impulsa a presentar esta obra

A mi guía intelectual por su orientación en la realización de esta publicación.

Índice

[12]

Camerina Cobos Varilla

Prólogo

La *vida intelectual* siempre ha sido una actividad que exige *disciplina* de quien la ejerce. Leí en *Principios de filosofía positiva* de Augusto Comte que una de las finalidades de la educación es *disciplinar la inteligencia*. En mis tiempos mozos, en el inicio de mi trabajo intelectual, mis mentores, hombres doctos, me aconsejaron con dos obras en mano: *El Trabajo intelectual* y *La vida intelectual*, de Jean Guitton y Antonin-Dalmace Sertillanges respectivamente. Sertillanges propone, en *La vida intelectual*, una serie de consejos sobre la esencia de la verdadera vida intelectual, haciendo énfasis en la necesidad de tener cierta disciplina, ciertos hábitos. Jean Guitton, a su vez, en *El trabajo intelectual*, se concentra en la praxis del saber, tanto en la lectura como en la escritura, como ejercicios que requieren de un método que guíe su rumbo.

Estilos y estrategias de aprendizaje, aplicación práctica en el aula, enriquecida por las lecturas y experiencia docente de su autora, la Dra. Camerina Cobos Varilla, con su operación en el aula, disciplinan la inteligencia de los discentes (Comte.),

Camerina Cobos Varilla

inmersos en una vasta red de información, que exige de los estudiantes ciertos hábitos (A D. Sertillanges) y praxis del saber, como la lectura y la escritura, pero con método (J. Guitton). Para quienes lean *Estilos y estrategias de aprendizaje*, en un primer momento, quizás les haga sentir que es un libro más de metodología del aprendizaje o estrategias de aprendizaje, sin embargo, conforme avancen en su lectura, descubrirán que va más allá de los libros convencionales en estas áreas.

El género académico utilizado por la Dra. Cobos Varilla en *Estilos y estrategias de aprendizaje* es el adecuado, mantiene la atención y el interés en su lectura y, a su vez, facilita la apropiación de sus contenidos. El constante uso de *pistas tipográficas*, un recurso literario, al que la Dra. Camerina Cobos le da un uso estratégico para el aprendizaje, hace que los textos que componen esta obra sean de fácil comprensión, además de mantener, en todo su libro, una sólida argumentación didáctico-pedagógica sustentada en una amplia y directa bibliografía actualizada.

La estructura de *Estilos y estrategias de aprendizaje*, en seis capítulos, argumenta con solidez el enfoque con el que la Dra. Cobos Varilla trata a las estrategias de aprendizaje. En ello radica su originalidad. Un alto porcentaje de autores convencionales en estrategias de aprendizaje, las tratan con enfoques cognitivos. En cambio, la Dra. Cobos trata a las estrategias de aprendizaje con

[14]

Camerina Cobos Varilla

enfoque de estilos de aprendizaje. Los autores convencionales presentan en sus libros estrategias de aprendizaje para su uso en el aula tradicional. La Dra. Camerina Cobos, además de éstas, presenta en su libro estrategias de aprendizaje para su uso en aulas virtuales. Esto y más hacen de *Estrategias y estilos de aprendizaje* un libro no convencional.

Estilos y estrategias de aprendizaje me salvaguardó, una vez más, del romanticismo académico, el de suspirar con cierta nostalgia por lo mejor del pasado. Su autora, la Dra. Camerina Cobos, supo conjugar el adagio *nova et vetera* (lo nuevo y lo viejo) al presentar recursos de aprendizajes para su uso en aulas tradicionales, como también recursos de aprendizaje para su uso en aulas virtuales, que utilizadas estratégicamente y acorde al o los estilos de aprendizaje de los discentes dan óptimos resultados académicos.

Albin Hobon

Camerina Cobos Varilla

[16]

Camerina Cobos Varilla

Estilos de aprendizaje

No existe definición única de *Estilos de Aprendizaje*. Hay quien los ha definido a partir de *rasgos cognitivos, afectivos y fisiológicos*. Hay también quien los ha definido a partir de *maneras en las que un aprendiz comienza a concentrarse sobre una información nueva*. Y otros más los han definido a partir de *condiciones educativas que favorecen el aprendizaje.*

Para Keefe los *rasgos cognitivos* hacen referencia a los contenidos a aprender, su organización y estructura en la planeación de la enseñanza, en base a sistemas que engloban los estilos visual, auditivo y kinestésico de aprendizaje. Los *rasgos afectivos* son aquellos en los que se involucran la motivación, las expectativas que cada estudiante manifiesta consigo mismo, con lo que le rodea para que pueda aprender de manera armoniosa. Por último los *rasgos fisiológicos* que tiene que ver con el biotipo y biorritmo donde se resaltan todas las funciones y manifestaciones de los estudiantes.

Si partimos de lo anterior diremos que los *estilos de aprendizaje* son los que determinan la forma en que los estudiantes perciben, interaccionan y responden a un ambiente de aprendizaje. Luego

[17]

entonces, los *estilo de aprendizaje* consisten en definitiva en cómo nuestra mente procesa la información que le llega, que influida por las percepciones de cada persona, alcanza aprendizajes significativos.

Alonso, Gallego y Honey, definen cuatro estilos de aprendizaje: el estilo teórico, el estilo reflexivo, el estilo pragmático y el estilo activo (M. Alonso, J. Gallego, & Honey, 2007).

El *estilo teórico*. Este tipo de estudiante aprende mejor cuando la información se le presenta como parte de un sistema, modelo, teoría o concepto. Le gusta analizar. Si la información es lógica, es buena. Los alumnos teóricos adaptan e integran las observaciones que realizan en teorías complejas y bien fundamentadas lógicamente, piensan de forma secuencial y paso a paso, integrando hechos, integrando teorías coherentes; le gusta analizar, sintetizar la información; en su sistema de valores premia la lógica y la racionalidad. Se sienten incómodos con los juicios subjetivos, las técnicas de pensamiento lateral y las actividades faltas de lógica clara. Los alumnos teóricos aprenden mejor a partir de modelos, teorías, sistemas de ideas y conceptos que presenten un desafío.

A los estudiantes con estilo de aprendizaje teórico *les cuesta trabajo aprender*: Con actividades que impliquen ambigüedad e incertidumbre; en situaciones que enfaticen emociones y sentimientos; cuando tienen que actuar sin fundamentos teóricos.

Aprenden mejor: Al escribir todos los datos en un sistema, modelo, concepto o teorías; sentirse en situaciones estructuradas y con una finalidad clara, tener tiempo para explotar metódicamente las relaciones entre ideas y situaciones, participar en una sesión de preguntas y respuestas, sentirse intelectualmente presionado; tener posibilidad de cuestionar, poner a prueba métodos y lógica que sea base de algo, llegar a entender acontecimientos complicados, tener que analizar una situación completa, enseñar a personas exigentes que hacen preguntas interesantes, encontrar ideas complejas capaces de enriquecerlas.

Se les *dificulta en aprendizaje* al: Tener que participar en situaciones donde predomina las emociones y sentimientos, estar obligados a hacer algo sin un contexto o finalidad clara, participar en actividades no estructuradas o de fines inciertos o ambiguos. Tener que actuar o decidir sin una base de principios, políticas o estructura, dudar si el tema es metodológicamente sólido, sentirse desconectados de los demás participantes porque posee un estilo diferente al suyo

El *estilo reflexivo*. Los estudiantes con un estilo de aprendizaje predominantemente reflexivo también aprenden con las nuevas experiencias, sin embargo, no les gusta implicarse directamente en ellas. Reúnen información y la analizan con tranquilidad antes de llegar a una conclusión. Observan y escuchan a los demás, pero no intervienen hasta que se han adueñado de la situación.

[19]

Camerina Cobos Varilla

Los alumnos con estilo reflexivo tienden a adoptar la postura de observador, ya que analiza sus experiencias desde muchas perspectivas. Recluta datos y se da a la tarea de analizarlos detalladamente antes de llegar a una conclusión; para ellos lo más importante es la recolección de datos y su análisis atento, así que procuran posponer las conclusiones. Normalmente son precavidos y analizan todas las implicaciones de cualquier actividad antes de ponerse en movimiento, en las reuniones observan y escuchan antes de hablar, procurando pasar desapercibidos. Ellos quieren siempre responder a la pregunta el porqué de las cosas. Los alumnos reflexivos aprenden mejor cuando pueden adoptar la postura de observador, cuando pueden pensar antes de actuar.

Actividades que les cuestan aprender: Cuando se les pide que sean el centro de atención en alguna actividad, cuando se les apura de una actividad a otra, cuando se les pide que participen y no planificaron su actividad con anticipación.

Los Alumnos con estilo reflexivo aprenden mejor: Al reflexionar sobre sus actividades, si se les permite decidir a un ritmo que ellos estén a gusto, trabajar sin presión, revisar lo aprendido, reunir información, asimilar antes de comentar, escuchar, incluso las opiniones más diversas. Escuchar opiniones diversas, elaborar análisis detallados, observar al grupo mientras trabaja.

El *aprendizaje se les hace más difícil* cuando tienen que tomar las siguientes decisiones: Ser líder y estar en el primer lugar, tener que presidir reuniones o debates, dramatizar ante otros integrantes, participar en actividades no planeadas, realizar algo sin previo aviso, tener que exponer ideas de manera espontánea, no tener información suficiente para sacar una conclusión, estar presionado por el tiempo, elaborar un trabajo superficialmente, verse obligado a pasar rápidamente de una actividad a otra.

El *Estilo pragmático*. Su forma de acceder a la información es mediante la aplicación práctica de las ideas. Tiende a ser estudiante impaciente cuando hay alguien que teoriza en exceso.

Los alumnos pragmáticos *aprenden mejor* realizando actividades en que se relacionen la teoría y práctica. Cuando ven a los demás hacer algo. Cuando tiene la posibilidad de poner en práctica inmediata lo que han aprendido. Cuando elaboran planes de acción con un resultado evidente. Cuando ven la demostración de un tema de alguien con historial reconocido. Cuando perciben muchos ejemplos y anécdotas. Cuando viven una buena simulación de problemas reales. Cuando comprueban la validez inmediata del aprendizaje. Cuando pueden experimentar con técnicas y asesoramiento de retorno de alguien experto.

A los alumnos con *estilo pragmático* de aprendizaje se le *dificulta aprender*: Con aquellas actividades que no tienen una finalidad aparente. Cuando lo que aprenden no se relacionan con

[21]

sus necesidades inmediatas. Cuando lo que hacen no está relacionado con la realidad. Cuando aprenden teorías y principio generales. Cuando comprueban que hay obstáculos burocráticos o personales para impedir la aplicación. Cuando se cercioran que no hay recompensa evidente por la actividad de aprender. Cuando se percatan que el aprendizaje no tiene relación con una necesidad inmediata.

El *estilo Activo.* Los estudiantes que poseen el estilo activo se implican plenamente en nuevas experiencias. Crecen ante los desafíos y se aburren con largos plazos. Son personas que gustan de trabajar en grupo y se involucran en las actividades activamente. Disfrutan el momento presente y se dejan llevar por los acontecimientos, suelen ser entusiasta ante lo nuevo y tienden a actuar primero y pensar después en las consecuencias. Llenan sus actividades y tan pronto disminuyen el encanto de una de ellas se lanzan a la siguiente. Les aburre ocuparse de planes a largo plazo y consolidar los proyectos, les gusta trabajar rodeados de gente, pero siendo el centro de las actividades. La pregunta que quieren responder con el aprendizaje es ¿Cómo?

Los alumnos con estilo activo *aprenden mejor* cuando se lanzan a actividades que le exigen desafío. Cuando realizan actividades cortas y de resultados inmediatos, cuando hay emociones, drama y crisis.

[22]

Les *cuesta más trabajo aprender*: Cuando tienen que adaptarse a un papel pasivo, cuando tienen que asimilar, analizar e interpretar datos y cuando tienen que trabajar solos.

Estos alumnos van a desarrollar mejor su estilo de aprendizaje activo cuando integren nuevas experiencias que le permitan interactuar con ellos y con su entorno. Dándole oportunidades nuevas, como: Generar ideas sin limitaciones formales, poder realizar variedad de actividades diversas, vivir situaciones de interés y de crisis para encontrarse con ellas, dirigir debates, reuniones, realizar presentaciones, participar activamente, resolver problemas en equipo, buscar aprender algo nuevo que no sabía antes. Poder interactuar con los demás, utilizar la dramatización para presentar sus diferentes roles que le corresponde. Acaparar la atención de los demás, le gusta arriesgarse. Le gusta compartir con personas con mentalidad semejante a la de ellos. Realiza ejercicios actuales.

El *aprendizaje se le presenta difícil* cuando tienen que ejecutar las siguientes acciones y cubrir roles que ellos no les permite sentirse bien. Exponer temas demasiado teóricos como aquellos que llevan antecedentes y causas. Analizar, asimilar e interpretar demasiada información que no esté clara. Trabajar solo, como leer, escribir o ejecutar actividades. No le gusta realizar actividades que exijan prestar atención a los detalles, pondera lo ya realizado o aprendido de manera eficaz, le favorece repetir la

[23]

misma actividad, se muestra tranquilo cuando está en conferencias, exposiciones de cómo debe hacer las cosas. Sufre la implantación y consolidación de experiencias a largo plazo, tener que seguir instrucciones precisas con poco margen de operatividad. Realizar trabajos concienzudos. Asimilar e interpretar gran cantidades de datos sin coherencia.

Estrategias de Aprendizaje

El término Estrategia deriva de la palabra latina strategia, que a su vez procede de los términos griegos: Strató (ejército) y agein (conducir, guiar), siendo su significado original, el arte de dirigir las operaciones militares y su significado derivado, la habilidad para dirigir un asunto o el conjunto de reglas que aseguran una decisión óptima (Pérez Porto & Merino, 2008).

De ahí que una estrategia es el conjunto de actividades, procedimientos, técnicas y recursos que se planean de acuerdo con las necesidades del grupo o personas, las cuales se dirigen a los objetivos, a lo que se quiere aprender con el único fin de hacer más efectivo el proceso de aprendizaje. En otras palabras, una estrategia es un proceso mental consciente, que se da a través del pensar, se concreta en planes para el logro de una meta y utiliza técnicas y actividades, como herramientas.

En consecuencia, se puede afirmar que las *Estrategias de Aprendizaje* constituyen actividades potencialmente conscientes y controlables por el discente, que guían las acciones a seguir para alcanzar determinadas metas en su aprendizaje. Dicho de otro modo, son guías flexibles que permiten alcanzar el logro de los

[25]

objetivos planeados para el proceso de aprendizaje. Como guía se deben estructurar con pasos definidos teniendo en cuenta la naturales de la estrategia

Por lo que las *Estrategias de Aprendizaje*, en su definición operacional, son conductas y operaciones mentales que un aprendiz utiliza durante su aprendizaje. Dicho de otro modo, son secuencias lógicas integradas de procedimientos o actividades que el discente elige con el propósito de facilitar la adquisición, almacenamiento y/o utilización de la información que le es proporcionada.

Las *Estrategias de Aprendizaje*, en su operación, incluyen técnicas para crear y mantener un clima de aprendizaje positivo. Un rasgo importante de cualquier estrategia es que está bajo el control de los alumnos, además de mantener estrechas relaciones con otros procesos psicológicos de gran importancia para el aprendizaje, como son las técnicas o hábitos de estudio y su control en la ejecución. Para el sujeto que aprende, es la habilidad de autorregular los propios aprendizajes y reconocer los procesos para los que producen la autoconciencia de los métodos que regulan el aprendizaje de los individuos, lo que se conoce como *metacognición*. Esta permite hacer conciencia del aprendizaje, de lo que aprendemos y cómo lo vamos aplicar en nuestra vida y al mismo tiempo analizar, a elaborar síntesis y reflexionar sobre decisiones que podemos integrar al proceso de pensamientos de los alumnos.

La metacognición requiere consciencia y conocimiento de las variables personales, de la tarea y de la estrategia. En relación a las variables de los procesos cognitivos que intervienen en el conocimiento y en nuestras representaciones personales de los hechos que suceden a nuestro alrededor; éstas determinan el control de nuestra actividad mental y la autorregulación ya que es la encargada de construir un modelo personal de acción con tres componentes: La parte orientadora que es la que dispone anticipadamente de las operaciones, los conocimientos necesarios y las condiciones de realización; la parte ejecutora que es la autogestión de operaciones, conocimientos y condiciones de la parte reguladora encargada de autocontrol para detectar los errores y aplicar correctivos; las variables de las tareas se refieren a la reflexión sobre el tipo de problema que va tratar de resolver, y para ello deberán desarrollar la actividad, estructurar los pasos para llevarla a cabo, evaluarla y después reflexionar acerca de la autoevaluación En cuanto a la tarea se deberán de presentar acciones de mejora estableciendo los criterios para lograr realizarlas. En este sentido, la automotivación, planea de manera personal el logro de sus metas, si tiene bien definidos sus objetivos al realizar la tarea, su motivación será mayor, pero si se siente con bajo interés y esfuerzo, será menor y esto provocará

Camerina Cobos Varilla

disminuir considerablemente la posibilidad del éxito. La metacognición son procesos en el que se utilizan pensamientos reflexivos para desarrollar la consciencia y conocimiento sobre uno mismo, la tarea y las estrategias en un contexto determinado.

La metacognición, según Kurtz, regula el uso eficaz de las estrategias de aprendizaje, señalando, el discente, el cómo, cuándo y por qué usar una y no otra estrategia específica de aprendizaje: Las técnicas de repaso y no el subrayado o el resumen, por ejemplo, así también, observando la eficacia de la estrategia elegida y cambiarla según lo demanda la tarea (Díaz Barriga Arceo & Hernández Rojas, 1998).

La metacognición tiene sus estrategias, llamémoslas metacognitivas o de control de la comprensión, que facilitan la planificación, el control y la autoevaluación de la cognición, las que hacen necesario el conocimiento de los procesos mentales, así como el control y regulación de los mismos con el objetivo de lograr determinados metas de aprendizaje. En consecuencia, un estudiante que emplea estas estrategias, es un discente metacognitivo, capaz de regular su propio pensamiento en su proceso de aprendizaje.

Las estrategias metacognitivas son consideradas macroestrategias, por ser generales y presentar un elevado grado de transferencia, además de ser menos susceptibles de ser enseñadas. Hay otras estrategias, llamémoslas específicas o microestrategias, como son las estrategias de aprendizaje de selección, organización y elaboración de información en las que el aprendiz se embrolla en la selección de información relevante, la organiza en un todo coherente y la integra en su estructura cognitiva. Estas estrategias son utilizadas en el aprendizaje con enfoque significativo. Hay otras estrategias, también específicas o microestrategias, las que llamamos estrategias de manejo de recursos o de apoyo, que incluyen aspectos claves que condicionan el aprendizaje como son: El control del tiempo, la organización del ambiente de estudio, el manejo y control del esfuerzo, entre otros. Estas estrategias, en lugar de enfocarse directamente al aprendizaje, se enfoca en mejorar las condiciones materiales y psicológicas en que se produce el aprendizaje, tales como: La motivación, las actitudes y el efecto (Cruz Pérez, Enríquez González , & Duro Novoa, 2017).

[30]

Camerina Cobos Varilla

Estrategias de aprendizaje para estilos teóricos

Analogías

Las analogías son comparaciones entre nociones, conceptos, principios, leyes, fenómenos, etc., que mantienen una semejanza entre sí. Éstas constituyen un recurso frecuente del profesor cuando presenta una idea compleja y busca algo más conocido por los alumnos para relacionarlos y que el alumno, de manera clara, lo pueda relacionar.

El uso de analogías está ligado al aprendizaje conceptual y al aprendizaje y desarrollo de procedimientos científicos, como el reconocimiento y diferenciación de conceptos, así como el establecimiento de relaciones causales.

Una analogía debe cumplir tres condiciones: *pragmática, semántica, y estructural.* La *condición pragmática* se refiere a que el propósito que se persiga con la *analogía* debe estar claro. Por el otro lado, las *semejanzas semánticas* hacen referencia al uso de términos con significados similares en ambos dominios. Mientras que las *semejanzas estructurales* se refieren a la similitud en las relaciones entre los objetos.

Camerina Cobos Varilla

Las analogías son estrategias de razonamiento que permiten relacionar elementos o sustracciones (incluso en un contexto diferente), cuyas características guardan semejanza. Las analogías se utilizan para comprender contenidos complejos y abstractos, para relacionar conocimientos aprendidos con los mismos y a través de ellos desarrollar el pensamiento completo, como analizar y sintetizar.

Benjamín Sierra Diez menciona: *La analogía es el procedimiento cognitivo que consiste en recurrir a un dominio de conocimiento para conocer o comprender mejor otro dominio, total o parcialmente desconocido.* Es decir, la analogía es un procedimiento que permite transferir conocimiento de unas áreas a otras, y que se pone en funcionamiento, básicamente, ante situaciones nuevas, parciales o totalmente desconocidas. Este procedimiento desempeña diferentes papeles en el sistema cognitivo humano: Se utiliza en tareas de lenguaje, para favorecer la compresión en tareas de aprendizaje, para adquirir nuevos conceptos, en tareas de creatividad para generar nuevas ideas y en tareas de razonamiento para resolver problemas (Pérez Porto & Merino , 2011).

Entre las funciones de las analogías se encuentran, por mencionar algunas: incrementar la efectividad de la comunicación; proporcionar experiencias concretas o directas que preparan al alumno para experiencias abstractas y complejas;

favorecer el aprendizaje significativos a través de la familiarización y concretización de la información y; mejorar la compresión de los contenidos complejos y abstractos.

Amargor, es el sabor amargo. *Sabor,* es la sensación que cierto cuerpo produce en el órgano del gusto. La relación principal es de especie a género. En consecuencia, podemos decir que el amargor es una especie de sabor. Entre las alternativas, la maldición no es un tipo de pensamiento, sino una expresión. En cambio, rencor sí es un sentimiento y el homicidio, un delito. Pero, ni la fetidez es un olfato, ni el cigarrillo es un vicio. En consecuencia, como hay dos posibilidades, volvemos al par base y nos preguntarnos, ¿Qué clase de sabor es el amargor? Un sabor desagradable, una sensación que produce rechazo. De modo análogo, el rencor es un sentimiento desagradable, que genera disgusto. Si bien el homicidio es un acto de efectos desagradables, no se trata de una sensación, sino de una acción ilícita.

Cuadros sinópticos

Son representaciones gráficas de la información y de la relación existente entre los elementos que la compone. Esta estrategia se caracteriza por *organizar* conceptos, que va de lo *general* a lo *particular* -de izquierda a derecha y en orden jerárquico-, clasificando la información a través del uso de llaves. Los cuadros sinóptico son utilizados para establecer las relaciones que existen entre los conceptos, permiten desarrollar la habilidad de clasificar, y jerarquizar, ayudan a organizar el pensamiento, favorecen la compresión del tema.

Por su estructura existen tres tipos de cuadro sinóptico: *de llaves, de diagrama y el de redes.* Los *cuadros sinópticos de llaves* son los más usuales y se caracterizan por el uso de llaves para organizar la información en ideas principales, secundarias y complementarias. Los *cuadros sinópticos de diagrama* siguen el mismo modelo jerárquico, sin embargo utilizan líneas como conectores y son conocidos por su uso de palabras clave para representar conceptos. Por último los *cuadros sinópticos en red* siguen un proceso de creación libre, ya que en lugar de jerarquizar las ideas, todos los conceptos se escriben sin ningún orden específico, luego, estas ideas se conectan por medio de líneas para enlazar y crear relaciones entre ellas (Cassany, 2010).

Los cuadros sinópticos se utilizan para resumir información relevante de un texto, este a su vez permite incrementar la compresión de un texto, así como para organizar ideas y facilitar el estudio de ellas. Esta estrategia es de utilidad, tanto para el maestro como para el alumno, para lograr el aprendizaje esperado.

[34]

Camerina Cobos Varilla

Ensayos

El ensayo percibido como el acto cognitivo más complejo que existe porque involucra el pensamiento, el lenguaje y manera de cómo interpretar la realidad donde el ensayista tendrá que hacer uso de la habilidad de argumentar aplicando la reflexión sobre algún tema que puede ser novedoso y auténtico, entre verosímil y contundente (Cassany, 2010).

Hay dos tipos de ensayos, el literario el científico, uno de carácter personal, en donde el autor habla de sí mismo y de sus opiniones sobre hechos y cosas, con un estilo ligero, natural, casi convencional y, otro de carácter formal, más ambicioso, extenso y de control formal y riguroso, se aproxima al trabajo científico, pero siempre contiene el punto de vista del autor.

Los ensayos literarios, en cuanto a la elección del tema, puede compararse a la del artista, quien al igual que éste, se guía en su producción literaria por inspiración. En éste, además de los conocimientos, debe manejar perfectamente el arte de la escritura, además poseer su estilo propio, lo que escriba debe ser relevante para los lectores, los grandes ensayistas son grandes escritores.

El hecho de que el ensayista, por una parte, goce de libertad y elija por inspiración, y que, por otra, deba mantenerse dentro de los estrechos límites de la "verdad" lógica o científica, proporciona al ensayo un carácter peculiar, que le permite

[35]

cabalgar al mismo tiempo a lomos de la literatura y de la ciencia (Cassany, 2010).

Pistas tipográficas

Se refieren a los avisos que se dan en un texto para organizar y/o enfatizar ciertos elementos de la información contenida. Todas las pistas pueden aplicarse en las distintas partes de un discurso oral y escrito. Mayer ha identificado con claridad cuatros tipos de señalizaciones, expresiones que resaltan palabras u oraciones importantes de un texto. Unas señalizaciones hacen especificaciones de la estructura de los textos. Otras hacen presentaciones previas de contenidos que se habrán de aprender. Otros más hacen presentaciones posteriores del contenido que se ha de haber aprendido. Y otras más destacan expresiones aclaratorias.

Las señalizaciones para organizar o enfatizar la estructura de un texto, se aplican a la narración o categorización de los diferentes tipos de relaciones lógicas, expresadas en el discurso. Por ejemplo, si estamos hablando de un texto con varias ideas, éstas podrían acompañarse con *numerales, letras o términos.*

Las señalizaciones para presentaciones previas de contenidos que se habrán de aprender son, por ejemplo: *enmarcados, uso de letras llamativas (tamaño, color).* Así como, *presentaciones preliminares de las ideas principales del discurso,* contenidas en

[36]

la información que el alumno o lector aprenderá inmediatamente después, tales como: *"las ideas principales que presentaremos en este texto son..."*, por ejemplo (Cassany, 2013).

Las señalizaciones para presentaciones posteriores del contenido que se ha de haber aprendido. Una aplicación similar a la anterior, sólo que en este caso las ideas principales, a las cuales se les pueden aplicar las pistas, se presenta al término del discurso oral o escrito. Por ejemplo, una *sinopsis esquemática*.

Las señalizaciones para *destacar expresiones aclaratorias*, consiste en el uso de pista para destacar las expresiones que el autor del discurso incluye y, que expresa su punto de vista personal en el énfasis y aclaración de asuntos de relevancia contenidos en él. Por ejemplo: *cabe destacar que, desafortunadamente, pongamos atención a...*, etc.

En sentido estricto las señalizaciones no añaden información, sino simplemente hacen explícito al lector lo relevante de un discurso, facilitando con ello la identificación de la organización superestructura y/o la construcción de los aspectos

El Resumen

Es una representación abreviada y precisa del contenido de un documento, sin interpretación crítica y sin distinción del autor del análisis, es decir, es una breve redacción que recoge las ideas principales del texto.

[37]

Camerina Cobos Varilla

Sus características: Toma en cuenta que resumir es condensar el texto con palabras del autor. Mientras que en una síntesis se utilizan palabras propias del que hace el resumen, tal como ocurre con los apuntes. Debe tener objetividad.

El resumen sirve para facilitar la retención del material estudiado. Sirve para preparar exámenes, ya que con ellos se puede estudiar para la evaluación. Desarrolla la capacidad de síntesis. Ayuda a ser más ordenado en la exposición. El resumen es una técnica que depende directamente del subrayado y de la elaboración de esquemas.

Las bases para la elaboración de un resumen eficaz son las siguientes: En base al orden de las ideas y del esquema organiza el texto del resumen. Es importante que la composición tenga sentido y continuidad. Selecciona la idea más general para el título del resumen. Escribe un resumen breve y conciso. Procura que las frases no sean superficiales ni contengan elementos repetidos. La extensión del resumen debe ser aproximadamente de un tercio. El resumen se puede elaborar de manera individual o grupal.

Camerina Cobos Varilla

Estrategias de aprendizaje para estilos reflexivos

Organizadores gráficos

Los organizadores gráficos son representaciones visuales que rescatan y grafican aquellos aspectos relevantes de un concepto, contenido o idea relacionada con una temáticas específica. Este tipo de organizadores facilitan la presentación de la información, flexibilizando los procesos de aprendizaje y permitiendo que los esquemas mentales de los estudiantes se organicen de mejor forma. Además, los organizadores gráficos son estrategias didácticas que fortalecen el desarrollo de habilidades cognitivas, como el análisis, la jerarquización de contenidos y/o conceptos clave, la selección de ideas, etc.

El objetivo de los organizadores gráficos es promover los procesos de enseñanza-aprendizaje y fomentar el aprendizaje significativo en los estudiantes, siendo posible clasificarlos en dos grupos: Mapas mentales y organizadores gráficos propiamente dichos.

Camerina Cobos Varilla

Mapa Mental:

El mapa mental es un diagrama en el que se reflejan los puntos o la idea central de un tema, estableciéndose relaciones entre ellas mediante la utilización y combinación de formas, colores y dibujos. Fue propuesto por el Británico Tony Busan (1974), quien mediante la creación de estrategias buscó, como señala Morice (2012), tomar los principios que regulan el funcionamiento del cerebro para crear un esquema que pudiese mostrar las asociaciones entre conceptos, de la misma manera que lo hacen las neuronas.

Elaboración del mapa mental: Determinar el concepto central (nivel I). Es importante que se inicie el mapa Mental con conceptos o frase breves y no con una oración, ya que así se evitan asociaciones superficiales o poco claras sobre el contenido que se está trabajando. Determinar conceptos relacionados (nivel II). Una vez determinado el concepto central, es esencial que se solicite a los estudiantes pensar en palabras que se relacionen directamente con el Mapa. Todos los conceptos asociados deben agregarse a la idea central. Ramificación (nivel III). Se debe de repetir el paso anterior para cada uno de los conceptos asociados a la palabra central, a fin de iniciar el proceso de ramificación del mapa mental. Esto permite que las ideas de los estudiantes se vayan especificando progresivamente. Ilustración (nivel IV). Para finalizar, es necesario que los estudiantes agreguen imágenes, dibujos u otros elementos gráficos que simbolicen los conceptos que componen el mapa mental.

Para qué sirven los mapas metales: Para fomentar la representación gráfica de la información, facilitando la organización del pensamiento en un esquema que permite obtener una mirada panorámica de los seres, hechos y fenómenos. Si se considera emplearlo antes de iniciar el proceso de enseñanza de un nuevo contenido (por ejemplo la célula), permite obtener información acerca de los conocimientos previos de los estudiantes al respecto.

Diagramas

Diagrama. Es una red o gráfico de diferentes formas que une elementos textuales (palabras clave o pequeñas frases sobre una hoja.

Diagrama radial. Se parte de un concepto o título, el cual se coloca en la parte central, lo rodean frases o palabras clave que tengan relación con él. Estas pueden circundarse a su vez, de otros componentes particulares. Su orden no es jerárquico, estos conceptos se unen al título a través de flechas. Los diagramas son estrategias que permiten que el alumno pueda comprender y esquematizar un texto o para la producción de un escrito.

[41]

Camerina Cobos Varilla

Diagrama de árbol. Se distribuye la información de manera jerárquica. Hay un concepto central o medular de la raíz del árbol, que corresponde al título del tema. El concepto inicial está relacionado con otros conceptos subordinados, y cada concepto está unido a un sólo y único predecesor. Hay un ordenamiento de izquierda a derecha y de arriba hacia abajo, de todos los descendientes de un mismo concepto, en él se usan palabras cortas no definiciones.

Diagrama de flujo. Es una representación gráfica de un procedimiento que permite desglosar un proceso en cualquier tipo de actividad que se desarrolle en cualquier ámbito.

Los diagramas de flujo permiten: Esquematizar procesos que requieren de una serie de actividades, subprocesos o pasos definidos y sobre los cuales hay que tomar decisiones; analizar un proceso; plantear hipótesis; enfocar al aprendizaje sobre actividades específicas en esa labor de auxiliar al docente y al estudiante porque el diagrama de flujo ayuda al análisis, a comprender el sistema de información de acuerdo con las operaciones de procedimientos incluidos.

Redes semánticas

Las redes semánticas son una forma de representación del conocimiento lingüístico en la que los conceptos y sus relaciones se representan por grafo, para representarlos y estructurar organizadamente los contenidos de un documento o materia, para analizar categorías y establecer la interrelación de los mismos. Los elementos que la integran son: Nodos, ligas-flechas. El origen de éstas fue paralelo a los mentores de los mapas conceptuales. Son instrumentos para presentar gráficamente las vías semánticas por las que transcurre el esfuerzo intelectual de dar significación a toda información que se incorpora a la estructura cognoscitiva, mediatizada por un conjunto de palabras. La memoria semántica es la memoria necesaria para el uso del lenguaje, organiza el conocimiento que las personas poseen de las palabras y otros símbolos verbales.

Todos los modelos de procesamiento de información desarrollados para el hombre dentro del marco de la psicología cognitiva, más allá de las precisiones particularizadas por cada investigador, reconocen como elementos básicos dos tipos de memoria: la Memoria a Corto Plazo y la Memoria a Largo Plazo (Ausubel P., 2002).

La Memoria a Corto Plazo procesa no más de 6 a 7 fragmentos de información en un dado tiempo. Tiene, además de su capacidad limitada, una duración que va desde los segundos al orden de minutos. La Memoria a Largo Plazo procesa información en serie, por ejemplo, una oración por vez, no varias en forma simultánea. Es el equivalente a una base de datos. Su capacidad es ilimitada y tiene alto grado de organización y de asociación.

Hay dos tipos de información almacenada en la Memoria a Largo Plazo, información semántica y episódica. Las redes semánticas son las que codifican significados para la memoria semántica y/o la episódica. Las redes semánticas también pueden utilizarse como instrumentos de evaluación del aprendizaje, combinadas con entrevistas a los estudiantes para saber lo que sabían, tal como lo propone Ausubel.

Mapas conceptuales

Novak trabajó la idea del Mapa Conceptual desde los años 70´s. Es a mediados de los 80´s cuando recogiendo los aportes de Ausubel, desarrolla los mapas conceptuales como ayuda para el aprendizaje. Los mapas conceptuales son *diagramas jerárquicos* que reflejan la organización conceptual de una disciplina, o parte de ella, como por ejemplo, un tema.

El mapa conceptual puede ser entendido como una *estrategia* para ayudar a los alumnos en la tarea del aprendizaje de los nuevos temas, al docente le va permitir hacer explícitos los distintos niveles conceptuales, implicados en el tema. Los mapas sirven para evaluar los aprendizajes de los alumnos y los efectos de la propia instrucción, lleva a los alumnos a propiciar la participación, la dinámica grupal, a los docentes a organizar el material de enseñanza; como un *método* para ayudar a alumnos y docentes a captar el significado de los materiales de aprendizaje, y como un *recurso*, para representar esquemáticamente un conjunto de significados conceptuales. Novak plantea un modelo que considera tres elementos fundamentales: *el concepto, las preposiciones y la palabra- enlace* (Ontoria, y otros, 2011).

Concepto: Son imágenes mentales, abstracciones que expresadas verbalmente indican regularidades, características comunes, de un grupo de objetos o acontecimientos. Estos se representan dentro de figuras geométricas.

Preposiciones: Son unidades semánticas conformadas por dos o más conceptos o términos unidos por palabras apropiadas que le dan significado. Es una unidad semántica que tiene valor de verdad, ya que afirma o niega algo. Éstas deben ser oraciones con sentidos propios y no deben de necesitar de otras.

Palabra-enlace: Son palabras que unen conceptos para formar una unidad de significados. Así, por ejemplo, en la proposición, *el carro es un vehículo*, los conceptos *carro* y *vehículo* están unidos por la palabra enlace *es* que permite tener una proposición que tiene sentido y puede determinarse como verdadera o falsa.

Desde el enfoque socio formativo de las competencias, Tabón define al mapa conceptual como *estrategia cognitiva del saber* conocer de tipo organización de la información; pues, "la información seleccionada se organiza de acuerdo con propósitos

[45]

Camerina Cobos Varilla

explícitos". Esto implica realizar procedimientos sistemáticos y organizados para codificar, comprender, retener y reproducir información. Con ello ayuda a la codificación y recuperación de la información a través de la memoria y orienta a los estudiantes para que aprendan a reflexionar sobre la construcción de significados, la responsabilidad que deben tener en la estructura y el proceso para obtener estos conocimientos (Tobón, Guzmán, Vélez, & Nambo, 2016).

Valdés y Valdés, por su parte, define el mapa conceptual como un instrumento educativo que permite elaborar una representación de relaciones significativas entre conceptos en forma de proposiciones; un recurso esquemático para representar un conjunto de significados conceptuales incluidos en una estructura de proposiciones. Otros definen al mapa conceptual como representación esencialmente cognitiva y lógica, necesariamente coherente y visual del conocimiento.

Entonces se puede definir el mapa conceptual como una representación gráfica, que contiene conocimientos específicos, los cuales están presentados de manera simplificada, coherente y clara de la relación que existe entre ideas o hechos; esto gracias a su visualidad que permite la compresión y fijación de contenidos. Ello explica por qué se utiliza como instrumento educativo, pues ayuda al estudiante a desarrollar su literacidad critica a través de diversas habilidades como: Análisis, estructuración, interpretación, síntesis de contenidos, valoración y evaluación; facilita la socialización de la compresión discursiva en el aula o utilizando recursos presenciales y virtuales que ayudan a promover situaciones comunicativas dialógicas en donde cada estudiante expone sus puntos de vista según su representaciones simbólicas, ciertos propósitos y posiciones ideológicas (Argudín & Luna, 2006).

La mayoría de los estudiosos de los mapas conceptuales coinciden en afirmar que en su estructura encontramos los siguientes constituyentes o componentes: *Jerarquías de conceptos, selección, palabras enlace, proposiciones, diagrama e impacto visual.*

En un primer momento, solo se consideran tres de estas partes fundamentales (conceptos, palabras enlace y proposiciones); después se incluyó la jerarquización, la selección y el impacto visual. En esta propuesta se incluye además el diagrama visual. Estas últimas incorporaciones son partes fundamentales porque dan forma, claridad y eficacia a lo que se quiere representar en el mapa conceptual.

Tipos de Mapas conceptuales

Mapa conceptual en forma de araña. Este mapa es estructurado de manera que el término que representa el tema principal es

[47]

ubicado en el centro del gráfico y el resto de los conceptos llega mediante la correspondiente flecha.

Mapas de telaraña. Es un tipo de organizador gráfico que muestra cómo las categorías de la información se relacionan con las subcategorías, su forma es semejante a la tela de una araña donde se clasifica la información en temas y subtemas. El mapa cognitivo sirve para organizar los contenidos señalando sus características. El mapa cognitivo de telaraña permite: *Desarrollar la habilidad de organizar, y priorizar la información y; organizar el pensamiento.* Sus características: El nombre del tema se anota en el centro de la telaraña (círculo); alrededor del círculo los subtemas sobre las líneas que salen de él y; en torno a las líneas se anotan las características sobre líneas curvas que asemejan telarañas. A diferencia de los mapas conceptuales no incluyen conectores porque no construye preposiciones, se apoyan por conceptos representados.

Mapa conceptual jerárquico: Son medios para visualizar ideas o conceptos y las relaciones jerárquicas entre ellos. La información es representada en orden descendente de importancia. El concepto más importante es situado en la parte superior del tema. Con la elaboración de estos mapas se aprovecha la gran capacidad humana para reconocer las pautas en las imágenes visuales y esto permite que al alumno se le facilite el aprendizaje y el recuerdo de lo aprendido.

[48]

Camerina Cobos Varilla

Mapa conceptual secuencial: En este tipo de mapa los conceptos son colocados uno detrás del otro en forma lineal. Esto lleva a leer la información de forma ordenada y linealmente, al mismo tiempo, permite que el alumno pueda explorar los conocimientos acerca del nuevo tema de igual forma a integrar la nueva información aprendida.

Mapa conceptual en sistema: En este tipo de mapa la información se organiza también de forma secuencial, pero se le adicionan entradas y salidas que alimentan los diferentes conceptos incluidos en el mapa. Favorece el desarrollo del pensamiento lógico.

Mapa conceptual hipermedial: Es aquel que en cada nodo de la hipermedia contiene una colección de no más de siete conceptos relacionados entre sí por palabras-enlaces.

De los tipos de mapas conceptuales que se citan el más usado y difundidos es el de tipo jerárquico, por su propia definición, es un acercamiento a la estructura que almacena el conocimiento.

Los mapas conceptuales se deben de aplicar como estrategias para la construcción de conocimientos en el marco del proceso de enseñanza aprendizaje, porque mediante el uso de los mapas conceptuales se puede reconocer las creencias que impiden la compresión de otras teorías y conceptos (Novak 2002 y Pozo 2002). No obstante, se diferenciarán brevemente las distintas formas de uso que se presentan en la práctica, pero siempre

[49]

Camerina Cobos Varilla

teniendo como finalidad la construcción de aprendizaje significativo.

Los mapas conceptuales son recursos que permiten identificar los siguientes aspectos: Indagar los conocimientos previos de los alumnos y, en particular, las relaciones que establecen entre los conceptos; evaluar el proceso de aprendizaje con los alumnos; planificar los contenidos en forma de trama interrelacionada; utilizarlos como mapa de carreteras para orientar la enseñanza y facilitar los aprendizajes y; utilizarlos como andamio para la compresión de textos.

Mapas cognitivos

Mapa cognitivo tipo sol. Es un diagrama o esquema semejante a la figura del sol que sirve para introducir u organizar un tema. En él se colocan unas series de ideas, conceptos o temas con significado y sus relaciones. Sus características: En la parte central del círculo del sol se anota el título del tema a tratar *y;* en la línea o rayos que circundan al sol (círculo) se añaden las ideas obtenidas sobre el tema. Los mapas cognitivos apoyan al docente y al alumno a enfocar el aprendizaje sobre actividades específicas. También a los alumnos les permite construir significados más precisos.

Mapa cognitivo de nubes. Es un esquema representado por imagen de nubes, en las cuales se organiza la información partiendo de un tema central, del que se derivan subtemas que se anotan a su alrededor. Sus características: En la nube central se coloca el tema *y;* alrededor de la nube del centro se colocan otras nubes que contienen subtemas, características o información que se desea aportar. Con este tipo de mapa los alumnos desarrollan la capacidad para resolver problemas de espacio, asumiendo la adaptación dentro de su grupo.

Mapa cognitivo de ciclo. Es un diagrama donde se anota la información en un orden cronológico, por secuencia, a través de círculos y flechas que llevan seriación continua y periódica. Sus características: En el círculo superior se anota el inicio del ciclo *y;* en los subsiguientes se registran las etapas que completan un ciclo. Se utiliza para representar información ciclada como un circuito.

Mapa cognitivo de aspectos comunes. Es un diagrama similar al conjunto (A, B), donde se desean encontrar los aspectos o elementos comunes entre dos temas o conjuntos. Sus características: El conjunto A (primer círculo) se anota el primer tema y sus características; en el conjunto B se anota el segundo temas y sus características; en la intersección que hay entre ambos círculos se colocan los elementos comunes o semejantes que existen entre dichos temas y; los elementos que quedan fuera de la intersección se puede denominar diferencias.

[51]

Camerina Cobos Varilla

Mapa cognitivo de agua mala. Es un diagrama que simula la estructura de una medusa bebé, sirve para organizar los contenidos o temas. Sus características: En la parte superior (primer recuadro) se anota el título de el tema; en los recuadros subsiguientes, las divisiones del tema y; en los hilos o líneas de la medusa se colocan las características o los elementos de cada subtema.

Mapa cognitivo de secuencias. Es un diagrama que simula una cadena continua de temas con secuencia cronológica. Sus características: En el primer círculo se anota el título del tema y; en los siguientes círculos los pasos o las etapas que se requieren para llegar a la solución.

Mapa cognitivo de arco iris. Es un diagrama que representa la figura de un arco iris, en uno de cuyos extremos se coloca el origen o inicio del tema. En el arco se indican las características o procedimientos para obtener el resultado o fin del tema estudiado. Sus características: En la parte central se anota el título del tema; en el extremo izquierdo se coloca el origen o inicio del tema; en los arcos siguientes se registran las características y; en el extremo derecho se escribe el resultado o final del tema.

Mapa cognitivo de cajas. Es un esquema que se conforma por una serie de recuadros que simulan cajas o cajones. Sus características: En la caja superior se anota el tema central; en el

[52]

Camerina Cobos Varilla

segundo nivel se anotan el nombre de los subtemas y; en el tercer nivel se sintetiza la información de cada uno de los subtemas.

Mapa cognitivo de algoritmo. Es un instrumento que hace posible la reproducción de un tema verbal a una representación esquemática, matemática y/o gráfica. Sus características: En el rectángulo superior se coloca el tema principal con letras mayúsculas; en el primer rectángulo de la izquierda se anota la secuencia a seguir (de manera textual); en el primer rectángulo de la derecha se anota el desarrollo, elaborando una réplica del rectángulo de la izquierda en forma matemática; por cada rectángulo siguiente se tiene tanto la solución como el desarrollo de los pasos de maneras jerarquizadas y; cada rectángulo está unido por puntos de flecha para indicar el proceso de solución textual y el desarrollo matemático.

Mapa cognitivo de satélite. Es un diagrama que simula la tierra y un grupo de satélites girando a su alrededor. Sus características: En la parte central (círculo de la tierra) se coloca el nombre de los conceptos o temas; en los satélites que giran alrededor de la tierra (tema central), se anotan las características o subtemas y; los satélites (subtemas o características) se unen a la tierra (tema central) por medio de fechas.

[53]

Camerina Cobos Varilla

Preguntas

Preguntas exploratorias. SQA (Que sé, Que quiero saber, Qué aprendí). Es una estrategia que permite verificar los conocimientos que tienen los alumnos o el grupo sobre un tema, a partir de los siguientes pasos: Lo que sé; lo quiero saber y; lo que aprendí, logrando alcanzar los aprendizajes esperados y además permite verificar el aprendizaje obtenido.

Preguntas intercaladas. Son aquellas que se plantean a partir de un texto, y que el lector puede responder durante su lectura. No son tan adecuadas para cualquier tipo de estilo de aprendizaje, éstas normalmente favorece los procesos cognitivos, también se les denomina preguntas adjuntas o insertadas.

Preguntas guía. Para que el docente pueda indagar los conocimientos previos de los alumnos, para posteriormente conectarse con los nuevos, hay que valerse de preguntas guía. Es una estrategia que nos permite visualizar un tema de una manera global a través de una serie de interrogantes que ayudan a esclarecer un tema. Cómo se elaboran. Se selecciona un tema; se formulan preguntas, se solicita a los alumnos que las formulen tomando una lectura; las preguntas se contestan tomando como referencias los datos, ideas y detalles expresados en la lectura; la utilización de esquemas es opcional.

[54]

Camerina Cobos Varilla

Preguntas literales. Las preguntas literales se refieren a ideas, datos y conceptos que aparecen directamente expresados en un libro, tema, artículo o en una lectura. Las preguntas literales sirven para: Identificar detalles; precisar el espacio, tiempo, personajes; secuenciar sucesos y hechos; captar el significado de palabras y oraciones; recordar pasajes y detalles de un texto; encontrar el sentido a palabras de múltiple significado; identificar sinónimos, antónimos y homófonas y; reconocer y dar significados a los prefijos y sufijos de uso habitual, etc. Las preguntas guías más comunes son: Para qué (objetivo); Qué (concepto); Quién (Personaje); Cuánto (cantidad) y; por qué (causa).

Camerina Cobos Varilla

[56]

Camerina Cobos Varilla

Estrategias de aprendizaje para estilos pragmáticos

Actividades de repetición y práctica

Son las que permiten que la información sea retenida en la memoria a corto plazo durante un periodo indefinido de tiempo y ayuda a largo plazo. Las estrategias de repetición tienen por objeto mantener la información de manera activa en la memoria a corto plazo, recitándola o nombrándola de manera repetida, para poder ser transferida a la memoria a largo plazo. Son estrategias muy antiguas y más utilizadas por los estudiantes (Ausubel P., 2002).

Pozo conceptualiza a la repetición como una estrategia asociativa que es eficaz cuando los materiales no tienen significado, pero que es muy primitiva con materiales significativos.

La repetición no solo tiene efectos cuantitativos (recordar más información), sino que también ayuda al estudiante a descubrir la estructura del contenido y a usarla como andamiaje para seleccionar y recordar la información de un texto.

[57]

Camerina Cobos Varilla

Ausubel considera que la importancia de la práctica y la repetición para el aprendizaje, así como la retención significativa, han sido subestimadas sin justificación, sólo por ser consideradas como una característica distintiva del aprendizaje memorístico (Ausubel P., D. Novak, & Hanesian, 2012).

La repetición de mantenimiento es la más elemental, y tiene como objetivo mantener datos desconectados en la memoria a corto plazo. La repetición elaborativa es una forma superior de repetición, en la que ya existe el propósito de retener la información, por lo que se intentan relacionar los datos con otros conocimientos almacenados en la memoria.

La repetición favorece al aprendizaje de dos maneras: Poco después del aprendizaje inicial y antes de que se presente el olvido, permite consolidar el material aprendido y después de ocurrir el olvido, permite evitar la confusión de ideas similares. También permite concentrar la atención y el esfuerzo del estudiante en aquellas partes de la tarea que sean más difíciles de retener.

La estrategia de repetición consiste en pronunciar nombres o decir de forma repetida los estímulos presentados dentro de una tarea de aprendizaje. Constituye una estrategia empleada habitualmente en aquellas tareas que requieren una memorización mecánica de la información que se va aprender. Las estrategias de repetición se encuentran relacionadas con un aprendizaje asociativo y con un enfoque o aproximación superficial al desarrollo de la elaboración. En esta estrategia los conocimientos no permanecen estáticos, pasan por diversas transformaciones en proceso de aprendizaje (Ausubel P., 2002).

El encuadre

Se entiende por encuadre al establecimiento de un marco dentro del que se desarrollarán las actividades del curso, orientará el esfuerzo y quehacer, tanto del maestro como de los alumnos, a lo largo del periodo lectivo (semestral, anual, etc.). Carlos Zarza Charrar, propone como objetivo general del encuadre el siguiente: *Que tengan claro qué se va hacer, para qué se va hacer, y que acepten, se comprometan conscientemente con esos lineamientos. Se trata de establecer un acuerdo entre las partes que rija o norme las actividades que se desarrollarán.*

La actividad mental del alumno juega un papel preponderante en la construcción del conocimiento. El conocimiento construido por el alumnos no es pura repetición o reproducción del contenido disciplinar, sino una construcción de tipo personal, y esta elaboración estará influenciada por las características de cada sujeto, sus esquemas de conocimiento, el contexto social, las anteriores experiencias educativas, las vivencias personales, las habilidades adquiridas, las actitudes hacían el aprendizaje. Esta reconstrucción está mediada por representaciones mentales

[59]

personales que evolucionan constantemente, es la interacción con otros, que se concreta en diversas modalidades, tales como la imitación, el intercambio, la constatación de ideas y la discusión. Por tal razón considero que el encuadre se debe considerar dentro de las estrategias grupales.

El método de casos

Son aquellos en los cuales se describe una situación o problema similar a la realidad, puede ser real o ficticia, que contenga acciones para ser valoradas y llevarlas a proceso de toma de decisiones.

El docente juega un papel diferente, no es trasmisor de conocimientos, es un guía en el proceso de la enseñanza porque él conduce la actividad de los alumnos, vigila su interrelación y al mismo tiempo la búsqueda de información. Los problemas que se les presente o seleccionen los mismo estudiantes deben ser relevantes y de interés para que exista conexión entre la teoría y su aplicación. Es importante que el alumno esté consciente de los obstáculos que tendrá durante su desarrollo. El método de caso exige responsabilidad de manera directa en relación a otras estrategias de aprendizaje, ya que no solo aprende conceptos y comparte ideas, sino que también tiene que argumentar cuando los casos requieran un juicio de valor. Debe tomar decisiones y defender los puntos de vista en la discusión. Mediante su uso los alumnos van a desarrollar una serie habilidades y destrezas en el campo cognitivo, como la observación, relación, análisis, síntesis, permite además reforzar los conocimiento, y rompe con el esquema de la enseñanza de carácter tradicional. La metodología está sustentada para la aplicación de Método de caso: Definir los objetivos que se persiguen con relación del método en base a las características de los alumnos; selección del problema a describir dependiendo de la situación o hecho; recopilar toda la información necesaria; descripción de la situación, aplicar el material de modo experimental para ver si se obtienen los resultados deseados.

Uno de los aspectos importantes de esta metodología es la redacción de casos, que sean útiles. Sus características esenciales son: El caso debe describir la situación de la manera más objetiva posible; el caso debe poner a los estudiantes en el lugar de los actores principales de la situación; el caso no debe sumergir a los estudiantes en un mar de informaciones y detalles irrelevantes. Previo a implementar esta metodología, el profesor debe preocuparse de contar con casos que cumplan de manera razonable con estas características. Es aconsejable que los casos sean discutidos con otros docentes, para afinar su presentación y lógica interna.

En relación al punto anterior, el profesor debe asegurarse que el caso entregue lineamientos que permitan a los estudiantes analizar

[61]

Camerina Cobos Varilla

y proponer soluciones a la situación planteada. De esta manera, junto con el caso, los estudiantes debieran recibir algún tipo de orientación en relación al análisis de la información que entrega el caso. Esto puede materializarse a través de una lista de preguntas graduadas, por ejemplo (Cruz Pérez J. L., 2018).

Los estudiantes reciben la información del caso y la estudian por sí mismos, con el apoyo del profesor. Esto implica un cierto grado de autonomía por parte de los estudiantes. Varias modalidades son posibles. Por ejemplo, una idea interesante es analizar los casos, alternando trabajo individual de los estudiantes con el trabajo en grupo. Por otra parte, si bien es cierto los casos han sido descritos típicamente por un texto, hoy en día la tecnología permite utilizar otras fuentes de información, como grabaciones de audio, video, recursos en línea, etc.

En relación a la evaluación, es necesario que los criterios sean definidos de antemano y que se informe a los estudiantes cuáles serán las instancias previstas para este efecto.

Estrategias para orientar la atención de los alumnos

Tales estrategias son aquellos recursos que el profesor o el diseñador utiliza para localizar y mantener la atención de los aprendices durante la sesión, discurso o texto. Los procesos de atención selectiva son actividades fundamentales para el desarrollo de cualquier acto de aprendizaje. En este sentido,

[62]

deben proponerse preferentemente como estrategias de tipo coinstruccional, dado que pueden aplicarse de manera continua para indicar a los alumnos sobre qué puntos, conceptos o ideas deben centrarse sus procesos de atención, codificación y aprendizaje. Algunas estrategias que puede incluirse en este rubro son las siguientes: *Las preguntas insertadas, el uso de pistas o claves para explotar distintos índices estructurales del discurso, ya sea oral o escrito y, el uso de ilustraciones* (Argudín & Luna, 2006).

Método de proyecto

El método de proyectos es una opción metodológica cuyo objetivo es organizar los contenidos curriculares bajo un enfoque globalizador. El método de proyecto busca enfrentar a los alumnos a situaciones que los lleven a rescatar, comprender y aplicar aquello que aprenden como una herramienta para resolver problemas y proponer mejoras en el espacio que habita. El método de proyecto es una estrategia aprendizaje que aborda conceptos centrales y principios de una disciplina, involucra a los estudiantes en la solución de problemas y otras tareas significativa, les permita trabajar de manera autónoma para construir su propio aprendizaje que termina en resultados reales generados por ellos mismos. En este aprendizaje se requiere el manejo de mucha información por parte del estudiante, los

Camerina Cobos Varilla

estudiantes deben ser capaces de consultar una variedad de fuentes de información y disciplinas que son necesarias como apoyo para resolver problemas y estar en condición de resolver preguntas relevantes. En esta experiencia en la que se ven involucrados hacen que aprendan a manejar y usar los recursos de los que disponen como lo es el tiempo y los materiales, además de que desarrollan y perfeccionan sus habilidades académicas sociales y de tipo personal mediante el trabajo escolar y que están ubicadas en un contexto significativo para los estudiantes. Es recomendable que el desarrollo de estos proyectos se realice fuera del salón de clase, para que pueda interactuar con los miembros de su comunidad.

Los proyectos de trabajo suponen una manera de entender el sentido de la escolaridad, basado en la enseñanza para la compresión, lo que implica que los alumnos participen en una proceso de investigación, que tiene sentido para ellos, no porque sea fácil o les gusta, y en el que utilizan diferentes estrategias de estudio; pueden participar en el proceso de planificación del propio aprendizaje, y les ayuda a ser flexibles, reconocer al otro y comprender su propio entorno personal y cultural. Esta actitud favorece la interpretación de la realidad y el antidogmatismo. Kilpatrick definió su método con el modelo formativo que ofrece el desarrollo del individuo ante los problemas de la vida, enfrentándose con éxito ante los mismos. En esta metodología, el

Camerina Cobos Varilla

docente ayuda a los estudiantes a hacer distinciones, tomar consideraciones más elaboradas y desarrollar las actitudes sociales sobre las decisiones adoptadas. Para este autor, el único objetivo adecuado de la educación debe ser la plenitud de la vida a través del carácter desarrollado. Los proyectos, así entendidos apuntan hacia otra manera de representar el conocimiento escolar, basado en el aprendizaje de la interpretación de la realidad, orientada hacia el establecimiento de relaciones entre la vida de los alumnos y los docentes, así como el conocimiento de las disciplinas y otros saberes no disciplinares que van elaborando. Todo ello para favorecer el desarrollo de estrategias de indagación, interpretación y presentación del proceso seguido al estudiar el tema o un problema, que por su complejidad favorece al mejor conocimiento de los alumnos y los docentes, de sí mismos y del mundo en el que viven (Cruz Pérez J. L. 2018). En la organización de aprendizaje, a partir del método de proyectos, al poner al alumno frente a una situación problemática real, se favorece un aprendizaje más vinculado con el mudo fuera de la escuela, que le permite adquirir el conocimiento no de manera fragmentada o aislada. Al trabajar con proyectos, el alumno aprende a investigar utilizando las técnicas propias de las disciplinas en cuestión, llevándose así a la aplicación de estos conocimientos a otras situaciones (Sánchez Puente, 1993).

Camerina Cobos Varilla

Existen algunas características que facilitan el manejo del método de proyecto, tales como: Un planteamiento que se basa en un problema real y que involucra a distintas aéreas, oportunidades para que los estudiantes realicen investigaciones que les permitan aprender nuevos conceptos, aplicar la información y representar su conocimiento de diversas formas; colaboración entre los estudiantes, maestros y otras personas involucradas con el fin de que el conocimiento sea compartido y distribuido entre los miembros de la comunidad de aprendizaje, el uso de herramientas cognitivas y ambientes de aprendizaje que motiven al estudiante a representar sus ideas en aplicaciones gráficas, demostraciones en laboratorio, aplicando las tics, y telecomunicaciones.

El método de proyecto, permite que el alumnos se sientan motivados para resolver el problema, es el responsable de las actividades que desarrolla, se convierte es un descubridor e integrador de nuevas ideas, es capaz de definir sus tareas mediante la comunicación. Utiliza la tecnología para sus presentaciones, trabaja de manera colaborativa, incluye la resolución de problemas para poder emitir juicios de valor en un clima que le permita aprender y practicar una variedad de habilidades y disposiciones para "aprender a aprender", por ejemplo, aprende a tomar notas, cuestionar, escuchar, ayudar a los estudiantes a desarrollar la iniciativa propia, la persistencia y la autonomía, promueve y ayuda a desarrollar la habilidades

[66]

metacognitivas, la autodirección, la autoevaluación, lograr un aprendizaje significativo integrando nuevos conocimientos a través de las diferentes disciplinas y asocia las metas cognitivas, sociales, emocionales y autoadministrativas con la vida cotidiana.

Objetivo o intenciones

Los objetivos o intenciones: Son enunciados que describen con claridad las actividades de aprendizaje y los efectos que se pretenden conseguir en el aprendizaje de los alumnos al finalizar una experiencia, sesión, episodio o ciclo escolar. Ayudan a plantear una idea común sobre dónde se dirige el curso, o la clase o la actividad que van a realizar. Perkins, (1999) sostiene que es necesario formular los objetivos de modo tal que estén orientados hacia loa alumnos.

Recomendaciones para el uso de objetivos: Cerciorarse de que estén formulados con claridad, señalando la actividad, los contenidos y/o los criterios de evaluación (enfatice cada uno de ellos según lo que intente conseguir en los alumnos), use vocabulario apropiado para los aprendices y pida que estos den su interpretación para verificar si es o no la correcta; anime a los alumnos a aproximarse a los objetivos antes de iniciar cualquier actividad de enseñanza-aprendizaje; puede discutir el planteamiento (el por qué y para qué) o la formulación de los objetivos con sus alumnos, siempre que existan las condiciones

Camerina Cobos Varilla

para hacerlo; cuando se trate de una clase, el objetivo puede ser enunciado verbalmente o presentarse en forma escrita, ésta última es más posible que la primera, además es recomendable mantener presente el objetivo (en particular con los aprendices menos maduros) a lo largo de las actividades realizadas en clase; no anuncie demasiados objetivos, porque los alumnos pueden extraviarse o desear evitarlos antes que aproximarse a ellos, es mejor uno o dos objetivos bien formulados sobre los aspectos cruciales de la situación enseñanza (la generalidad de sus formulación dependerá del tiempo).

Situación problema

La situación problema es una estrategia para el aprendizaje en la que se propone al alumno un enigma que podrá descifrar, al confrontar sus conocimientos e ideas previas sobre el problema con diversas fuentes para construir una respuesta.

Los principales aspectos que promueve y considera esta estrategia son: La necesidad de preguntar; la creación y diseño de situaciones conflictivas (no temas); la construcción de problemas factibles de resolver y que representen un reto para el alumno; el trabajo continuo en las clases con base en situaciones problemas; el trabajo individual y colectivo para resolver una situación problema; el propósito de provocar interés, generar motivación y de desarrollar empatía con el pasado; desarrollar habilidades y actitudes para la indagación (Sánchez Puente, 1993).

Una situación problema la podemos interpretar como un contexto de participación colectiva para el aprendizaje, en el que los estudiantes, al interactuar entre ellos y con el profesor, a través del objeto de conocimiento, dinamizan su actividad, generando procesos conducentes a la construcción de nuevos conocimientos. Así, ella debe permitir la acción, la exploración, la sistematización, la confrontación, el debate, la evaluación, la autoevaluación y la heteroevaluación.

La situación problema es el detonador de la actividad cognitiva y, para que esto suceda debe tener las siguientes características: Debe involucrar implícitamente los conceptos que se van a aprender; debe representar un verdadero problema para el estudiante, pero a la vez debe ser accesible a él y; debe permitir al alumno utilizar conocimientos anteriores.

Lo importante es que la situación problema vincule de manera activa al estudiante en la elaboración teórica, haga del arte de conocer un proceso no acabado, permita utilizar aspectos contextuales como herramientas dinamizadoras de aprendizaje y relacione las conceptualizaciones particulares con las formas universales socialmente construidas (Cruz Pérez J. L., 2018).

El trabajo intelectual del alumno debe por momentos ser comparable a la actividad científica, lo que implica que se ocupe de problemas, así como de preguntas y soluciones. Una buena actitud científica de parte del discente exigirá que éste actúe, formule, observe, construya modelos, lenguajes, conceptos, teorías, que los intercambie con otros, que reconozca las que están conformes con la cultura, que tome las que le son útiles, etc.

La situación problema es una vía fundamental para la conceptualización. La formación de conceptos es un proceso creativo, no mecánico ni pasivo. Un concepto surge y toma forma en el curso de una operación compleja encaminada a la solución de un problema. La mera presencia de condiciones externas favorables a una vinculación mecánica de la palabra y el objeto no basta para producir un concepto (Sánchez Puente, 1993).

Estrategias de aprendizaje para estilos activos

Dado el cúmulo de información que constantemente se está produciendo a escala mundial, se necesita un individuo capaz de gestionar de manera autónoma sus propios conocimientos, tomar las riendas de su control del propio proceso de aprendizaje. El uso y dominio de las Tics facilitan este proceso de adquisición de saberes y se ajustan a las características individuales del alumno (Cruz Pérez J. L., 2018).

Cada persona aprende de maneras distintas a las demás: utiliza diferentes estrategias, aprende con diferentes velocidades e incluso con mayor o menor eficacia, incluso aunque tenga las mismas motivaciones, el mismo nivel de instrucción, la misma edad o estén estudiando el mismo tema.

En el contexto del aula virtual además de adaptarse a los estilos y ritmos de aprendizaje de los estudiantes, se favorecen la adquisición del conocimiento mediante: *wikis, foros de discusión, plataformas,* etc.

[71]

Camerina Cobos Varilla

Wikis

Una wiki es útil para estructurar información y construir conocimientos en forma colaborativa, con la ventaja adicional de que permite a los autores editar el contenido en cualquier momento. La herramienta también es útil para hacer hipervínculos, insertar recursos en formatos diversos y consultar el historial de participaciones. Es idónea para llevar a cabo proyectos de trabajo y presentar los resultados logrados, para desarrollar las actividades en la solución de problemas y para estudios monográficos. Con el uso de esta herramienta se apoya a los diversos estilos de aprendizaje.

Las wikis como herramienta ayudan a favorecer el desarrollo de proyectos colaborativos por su flexibilidad abierta, para su uso sólo se requieren de una interface sencilla amigable, que permita la interacción y comunicación entre los estudiantes del grupo de trabajo, facilitando así el logro de los aprendizajes.

La wiki apoya al aprendizaje participativo donde los discentes que convergen en los contextos virtuales, fundan comunidades de aprendizaje orientadas al logro de objetivos comunes, logran un aprendizaje activo y práctico, motivando a los estudiantes a no sólo interaccionar con los materiales didáctico, sino también a incorporar otros nuevos por medio del debate. Esto los lleva a que

[72]

sean ellos los que elijan sus objetivos de aprendizaje y controlen sus avances

En las plataformas virtuales han ido surgiendo diversa aplicaciones y herramientas de la informática conformando software sociales, entre las que destacan las wikis, que logran ampliar las posibilidades de la comunicación, interacción e intercambio de información.

Las wikis fue creada por Ward Cunningham, un programador de Oregon quien después de inventarla le dio el nombre al concepto de Wikis, que fue definida como colección de páginas Web que adoptan la narrativa de Hipermedia que las puede utilizar cualquier usuario, mediante sencillas aplicaciones de informática que le permitan alojarla en un servidor Web dentro de un entorno virtual creado con una finalidad formativa, misma que pueden ser editadas conjuntamente entre los distintos miembros de una comunidad de aprendizaje o grupo de clase a través de un simple navegador.

De modo que cada párrafo o página redactada presenta un enlace a un sencillo programa de edición, que ofrece unas funciones muy básicas de formato, insertado de imágenes, gráficos y enlaces a otras páginas Web, lo cual constituye un nuevo recurso para agilizar y enriquecer la comunicación entre los estudiantes, ya que los cambios efectuados por éstos aparecen inmediatamente reflejados en la Web, sin requerir ningún tipo de revisión previa.

Foros académicos por internet

*Es un escenario de comunicación por internet, donde se propicia el debate, la concertación y el consenso de ideas. Además sirve como una herramienta que permite al usuario publicar su mensaje en cualquier momento quedando visible para que otros usuarios que entren en cualquier momento puedan leerlo y contestar. El forro se reconoce como un ejercicio asincrónico propio que permite a los estudiantes articular sus ideas y opiniones desde distintas fu*entes de discusión, promoviendo el aprendizaje a través de varias formas de interacción distribuidas en espacios y tiempos diferentes.

El rol del docente-tutor es uno de los más sobresalientes dentro de la gestión del foro, y por ende uno de los delicados de llevar a cabo, pues además de ser moderador y orientador ha de ser también motivador y participativo. En un foro académico participan discentes con perspectivas diversas que discuten en torno a tema acordado de gran interés y estimula la discusión con preguntas, todos los participantes intervienen en la discusión aportando sus puntos de vista y dialogando respetuosamente con las distintas perspectivas; por el número de los participantes la intervención debe ser de manera breve. El tiempo debe ser de dos minutos en promedio. Como el foro sigue una discusión estructurada, éste se desarrolla con un inicio o una introducción, en ella el moderador presenta el tema que será debatido y las reglas para su desarrollo en la que los participantes exponen sus opiniones, respetando los turnos de habla determinados por el moderador y un cierre también a cargo del moderador, quien sintetiza los principales puntos en la discusión y agradece la participación.

Markel (2001) y Aragón (2003) reconocen los foros- sobre todo los virtuales- como excelentes estrategias para desarrollar el pensamiento crítico, y suelen llamarlos "filigranas mentales", debido a que involucran múltiples aspectos cognitivos y socioafectivos. La utilización del foro virtual como estrategia evaluativa es una innovación: ha sido denominada interactiva y forma parte de la evaluación colaborativas. Tiene como base la producción propia, individual, en un entorno complejo de interacción como puede ser una lista de discusión, un foro o cualquier otro soporte de comunicación asíncrono.

En el foro virtual se valora la calidad de las producciones e intervenciones en función de parámetros como, la relevancia, la pertinencia y la parsimonia. Las argumentaciones y contra argumentaciones, entre otras actividades, pueden definir el éxito en un determinado proceso.

[75]

Camerina Cobos Varilla

El uso de estos modelos de evaluación, comparados con los tradicionales, requiere mayor trabajo previo del profesor, pues tiene que darle un formato virtual a la asignatura en sí, preparar los exámenes tipo test y moderar los foros de manera casi continua.

Uso de plataforma educativas

La plataforma educativa: Son programas que encierran diferentes tipos de herramientas destinadas a fines docentes. Los programas que se ofrecen permiten realizar tareas así como organizar contenidos y actividades de un curso en online; puedes dar de alta a los estudiantes de tu grupo para llevar un seguimiento de sus avances académicos, al mismo tiempo puedes ofrecerles asesorías para despejar sus dudas. La plataforma Edmodo es una plataforma tecnológica, educativa y gratuita que permite la comunicación entre alumnos y docentes en entorno cerrado y privado a modo de microblogging. Esta plataforma tiene ventajas con relación a otras redes sociales que pueden ser utilizadas en el ámbito educativo. Los alumnos no necesitan dar ningún dato personal, más allá de su nombre, el docente crea los grupos privado y genera un código que será utilizado por los alumnos para acceder a la plataforma la primera vez y las familias pueden disponer de un acceso especial a la red social, gracias al cual puede revisar las actividades que se llevarán a cabo, notas y mensajes y pueden comunicarse con el docente en cualquier momento. Las funciones son muy diversas, entre las que Edmodo permite crear grupos privados con acceso limitado a docentes, alumnos y padres de familia; disponer de un espacio de comunicación entre los diferentes roles mediante mensajes y alertas, compartir recursos multimedial tales como archivos, enlace, videos, etc. Incorporar los contenidos de nuestro blogs, hacer encuestas a los alumnos, asignar tareas a los alumnos y gestionar las calificaciones de los mismos.

Nuestros blogs: hacer encuestas a los alumnos; asignar tareas a los alumnos y gestionar las calificaciones de los mismos; gestionar un calendario en clase y; crear comunidades donde agrupar a todos los docentes y alumnos de un centro educativo.

Plataformas en las nubes: Dropbox, Goegle Drive Iclound (Apple) One Drive (MICROSOFT), One Clound Y Mega

Los usuarios pueden manejar este tipo de servicios sin necesidad de tener conocimiento, por lo menos a nivel de experto. La plataforma de nube te permite guardar información sin ocupar espacio en el disco duro del ordenador, es posible gracias al almacenamiento en la nube. Un concepto que también se conoce como computación en la nube, servicios en la nube o cloun computing (en inglés) que permite acceder a los documentos a través de una red, que generalmente es internet.

[77]

Camerina Cobos Varilla

Los usuarios pueden manejar este tipo de servicio sin ser experto. Lo más importante es disponer de un equipo de servidores de calidad para organizar el correcto funcionamiento de aplicaciones corporativas como el correo electrónico o la gestión eficaz del entorno.

Entre las características de la plataforma nube es que: Mejora los recursos tecnológicos, los costos se reducen; acceso a los documentos casi a tiempo real, sin necesidad de cargas alta duración, permite compartir recursos con independencia del dispositivo y la ubicación; se optimiza su uso de manera automática; la seguridad es igual o mejor que otros sistemas convencionales; no requiere instalación ni mantenimiento, ya que cada usuario acede desde diferentes lugares.

Ilustraciones

Las ilustraciones y/o imágenes constituyen un enfoque diferente a lo que son las estrategias tradicionales de enseñanza. De acuerdo a Cuadrado Díaz y Martín (1999), las ilustraciones pueden ser definidas como estrategias que contribuyen de manera positiva y efectiva para la representación del mundo real de los estudiantes. De esta forma, impactan positivamente los procesos de aprendizaje, dándoles un carácter más significativo y contextualizado.

[78]

Camerina Cobos Varilla

Para aplicar estas estrategia es necesario, en primer lugar, identificar el contenido informativo de la ilustraciones. Luego de ello, el foco de atención se centra en encontrar las categorías de información incluidas en las imágenes. Se establecen nueve categorías de información que sirven para guiar el uso de las imágenes en un contexto de enseñanza-aprendizaje:

Inventarial: Información que determina qué objetos son representados.

Descriptiva: Especifica los detalles figurativos de los objetos y conceptos representados.

Operacional: Información dirigida a agente implicado para que ejecute una acción específica.

Espacial: Especifica la localización, orientación o composición de un objeto.

Contextual: Proporciona el tema o la organización para otra información que pueda procederla o seguirla.

Convariante: Especifica una relación entre dos o más partes de información que varían juntas.

Temporal: Información sobre una secuencia temporal de estados sucesos.

Cualificadora: Modifica una información especificando su modo, atributo o límites.

Enfática: Dirige la atención hacia otra información.

[79]

Camerina Cobos Varilla

El uso de las ilustraciones es diverso y depende de la naturaleza del objetivo de las categorías de la información.

Para el desarrollo de las destrezas de expresión oral y escrita, las imágenes aportan un gran abanico de posibilidades con las que estimular la imaginación y creatividad de los alumnos.

En lo que respecta a la manipulación de imagen es posible mencionar que, de la misma forma en que los textos son manipulados para ordenar los párrafos, completarlos, buscar errores, etc., las imágenes también pueden ser tratadas de la misma manera. Se pueden cortar imágenes, tiras de, por ejemplo, comic o dibujos para que el discente los ordene y luego cuente una historia a partir de ellos; o bien, ir descubriendo la imagen, poco a poco, para generar hipótesis, provocando mayor expectación en los estudiantes, mantener su interés y atención, a fin de crear un ambiente más participativos y productivo en clase.

Por otra parte, los estudiantes se implican en un ambiente que promueve la motivación y el compromiso en el proceso de enseñanza-aprendizaje. Además, cabe destacar, que el uso de ilustraciones constituye una herramienta fundamental al momento de representar conceptos abstractos que podrían ser difíciles de comprender, dependiendo el estilo de aprendizaje del grupo.

Lluvia de ideas

La lluvia de ideas es una técnica de grupo para generar ideas originales en un ambiente relajado, que consiste en que los miembros de un grupo hablan con libertad, despojados de inhibiciones, sobre un tema o cuestión, con objeto de producir ideas originales, generar nuevas soluciones y establecer nuevas relaciones entre los hechos e integrarlos de manera distinta. Sus características: Se parte de una pregunta central; la participación puede ser oral o escrita; debe existir un mediador o moderador y; se puede realizar conjuntamente con otras técnicas gráficas.

Esta técnica se deberá utilizar cuando exista la necesidad de: Liberar la creatividad de los equipos; generar un número extenso de ideas; involucrar a todos en el proceso e identificar oportunidades para mejorar.

Exposición

La exposición oral académica es la presentación clara y estructurada de ideas acerca de un tema determinado con la finalidad de informar y/o convencer a un público en específico. A este tipo de exposición con fines académicos, también suele denominársele discurso y recurre de manera constante a la argumentación, la descripción y la narración.

[81]

Camerina Cobos Varilla

Técnica de la exposición oral: Elegir el tema; adaptar el tema a la edad e intereses de los oyentes; recoger información sobre el tema elegido; ordenar la información y sacar lo importante; elaborar un guión; seguir un orden lógico, de lo sencillo a lo complicado, de lo menos interesante a lo más interesante, las ideas deben de estar relacionadas unas con otras para que se puedan comprender; desarrollar el tema; dar la debida entonación, gesticulación y dicción.

La expresión oral: Se *introduce* al tema, se despierta el interés, se explica de lo que se va a tratar y sus partes; se *desarrolla* el tema, se exponen todas las ideas despacio y con claridad, se pueden utilizar carteles, diapositivas, etc. y; *conclusión*: se resumen las ideas más importante, conclusión final.

Para realizar una buena exposición hay que cuidar los siguientes aspectos: Superar la timidez; adaptarse a los intereses y conocimientos del público; ser claros, hablar alto, y lentamente precisar las ideas; transmitir sinceridad, convencimiento de lo que se expone; mostrarse naturales y sencillos en nuestros gestos y huir de la pedantería y de la monotonía; no demostrar demasiado nerviosismo, además se necesita un buen contacto visual con todo el público, etc.

Camerina Cobos Varilla

Juego de Roles.

Es una representación escénica donde dos o más personas actúan una situación educativa, laboral concreta, según el papel que se les ha asignado. Esto permite vivencia de forma auténtica la experiencia por parte de quienes representan los roles y del grupo que actúa como observador. Su utilidad es que permite promover la participación tanto de los actores como de los observadores, las representaciones escénicas provocan la vivencia de discutir el problema a partir de la situación desarrollada, el ambiente que se generar es un ambiente distendido y propicio de aprendizaje, del mismo modo que ofrece un espacio flexible de innovación, imaginación, libertad de pensamiento y principalmente nutre la diversidad cognitiva del grupo con el que se está trabajando, induce a la creatividad de los alumnos, permite indagar conocimientos nuevos, lleva a recrear las temáticas revisadas y acercarlas a la realidad, para obtener soluciones y conclusiones colaborativas. En este sentido el juego de roles, tiene sus inicios y raíces en las dimensión social y personal de la educación, pretendiendo que los alumnos encuentren el propio sentido dentro de la sociedad, resolver sus dilemas y sus conflictos personales con la ayuda de asistencia del grupo, indagando los sentimientos y actitudes, valores y estrategias de resolución de problemas en aras de encontrar soluciones honesta y democráticas de dichas situaciones.

En el juego de roles algunos estudiantes son actores y otros observadores, lo que se busca es que interactúen con quienes están desempeñando diversos roles, generar empatía, compresión, enojo y afecto durante la interacción. El juego de roles si está bien organizado, se convierte en una parte de la vida misma.

La esencia del juego de roles consiste en el compromiso tanto de los participantes como de los observadores en una situación problemática real, con el propósito de comprenderla para encontrar una solución acertada.

Este proceso que se lleva a cabo en el juego de roles proporciona una muestra viva de la conducta humana que sirve como vehículo para que los estudiantes: Indaguen en sus sentimientos; logren mayor comprensión y conocimientos de sus actitudes, valores y percepciones; desarrollen habilidades y actitudes que hacen a la resolución de problemas; estudien los contenidos de la asignatura de diversas formas.

El juego de roles propone implícitamente una situación de aprendizaje centrada en la experiencia y donde «el aquí y el ahora» pasan a ser el contenido de la enseñanza. El modelo parte del supuesto de que es posible crear auténticas analogías con situaciones problemáticas de la vida real y que mediante estas recreaciones los estudiantes pueden «probar» la vida. Así pues, la

Camerina Cobos Varilla

actuación suscita respuestas emocionales y conductas genuinas, características de los alumnos.

Conferencias interactivas

La conferencia es un tipo de exposición oral, impartida por especialistas, centrada en la presentación de un tema específico y de interés para el público al cual está destinada. Este género oral tiene como base el discurso escrito, como puede serlo un ensayo de extensión limitada donde se expone un tema con la finalidad de enseñar o persuadir; sin embargo, la conferencia se distingue del discurso político, por ejemplo, porque está pensada como una disertación en público, donde lo ideal es establecer un diálogo con los oyentes y no la simple adhesión ideológica o partidista de la conferencia. En otras palabras, este género oral posee un enfoque dialéctico que se da al final por medio de una sesión de preguntas y respuestas.

En el medio académico la conferencia es uno de los géneros orales más utilizados, ya que sirve como una herramienta para transmitir conocimiento o para exponer asuntos de interés general por parte de algún especialista. Este género es muy útil para exponer ideas y problemas fundamentales de una materia para, finalmente, crear un diálogo con un público interesado o especializado, o con un grupo de estudiantes en formación.

Camerina Cobos Varilla

De la estructura de la conferencia, es importante distinguir tres partes: *La introducción, el desarrollo y las conclusiones.* En la introducción se define claramente el objetivo de la conferencia; se expone el objeto de estudio, sus límites, las aportaciones, la hipótesis y la importancia del tema. El desarrollo es la parte esencial de la conferencia, ya que comprende toda la información relevante que el conferencista quiere transmitir a su público. Finalmente, en las conclusiones se generalizan las ideas fundamentales, es decir, se hace una especie de resumen y se busca dar fin al tema expuesto.

Recomendaciones generales: Exponer con claridad, confianza y credibilidad: mantener la atención del público; el contacto visual con el público es vital, mediante él, éste se siente incluido; la entonación y la gesticulación deben ser claras, naturales y espontáneas; el orador debe mostrar interés por su propia exposición.

Portafolios académicos

El Portafolio es un método de enseñanza, aprendizaje y evaluación que consiste en la aportación de producciones de diferente índole por parte del estudiante a través de las cuáles se pueden juzgar sus capacidades en el marco de una disciplina o materia de estudio. Estas producciones informan del proceso personal seguido por el estudiante, permitiéndole a él y a los demás ver sus esfuerzos y logros, en relación a los objetivos de aprendizaje y criterios de evaluación establecidos previamente. El portafolio como modelo de enseñanza-aprendizaje, se fundamenta en la teoría de que la evaluación marca la forma cómo un estudiante se plantea su aprendizaje.

El portafolio del estudiante responde a dos aspectos esenciales del proceso de enseñanza-aprendizaje, implica toda una metodología de trabajo y de estrategias didácticas en la interacción entre docente y discente; y, por otro lado, es un método de evaluación que permite unir y coordinar un conjunto de evidencias para emitir una valoración lo más ajustada a la realidad que es difícil de adquirir con otros instrumentos de evaluación más tradicionales que aportan una visión más fragmentada.

El potencial que tiene el portafolio para identificar habilidades complejas ha contribuido a su uso expansivo en diferentes ámbitos. El portafolio se usa en la educación, pero es una idea importada de otros ámbitos profesionales: artistas, fotógrafos y arquitectos para mostrar lo mejor de su trabajo.

Los objetivos de los portafolios académicos son: Guiar a los estudiantes en su actividad y en la percepción de sus propios progresos; estimular a los estudiantes para que no se conformen con los primeros resultados, sino que se preocupen de su proceso de aprendizaje; destacar la importancia del desarrollo individual,

[87]

e intentar integrar los conocimientos previos en la situación de aprendizaje; resaltar lo que un estudiante sabe de sí mismo y en relación al curso y; desarrollar la capacidad para localizar información, para formular, analizar y resolver problemas.

El crecimiento del portafolio como método de enseñanza y aprendizaje se ha asociado al auge del internet, dando lugar a los portafolios electrónicos. Se utilizan en muchas universidades asociadas a complejos sistemas de evaluación on line. Su naturaleza gráfica y habilidad para soportar enlaces entre distintas evidencias digitalizadas, proporciona al alumnado la posibilidad de integrar los aprendizajes de un modo positivo, progresivo y consciente con un gran potencial atractivo. Es un sistema de gestión que permite a estudiantes, profesores y administradores la creación y distribución de sus documentos educativos.

El portafolio electrónico aporta la posibilidad de que los marcos de expresión sean diversificados. El lenguaje multimedia que se aprende en el desarrollo del curso es una opción para expresar el proceso, y en ese sentido la riqueza de las producciones en cuando a la diversificación de sentido es aún mayor.

El portafolio se transforma de esta manera en otra instancia de práctica y aplicación de los contenidos desarrollados en el curso. El portafolios, en este contexto, es definido como el instrumento que utiliza las herramientas tecnológicas con el objeto de coleccionar las múltiples evidencias del proceso de aprendizaje en

[88]

diferentes medios (audio, video, gráficos, textos). Se utilizan hipertextos para mostrar más claramente las relaciones entre objetivos, contenidos, procesos y reflexiones. Generalmente los términos portafolio electrónico o portafolios digital se usan intercambiablemente, pero podemos hacer una distinción, el portafolios electrónico contiene medios analógicos, como videos, por ejemplo. En cambio en los portafolios digitales, todos los recursos son transformados en lenguaje informático. Los beneficios que ofrece esta versión hace referencia a su portabilidad, la integración de las tecnologías en su construcción, la utilización de hipertextos permite establecer relaciones entre los diversos componentes, por lo cual facilita la reflexión y la lectura y, la accesibilidad total, sobre todo cuando se trata de web portafolios (Cassany, 2014).

Debate activo

Esta es una estrategia que logra la participación de todos los estudiantes de la clase, no solo de los polemistas.

Procedimiento: Elaborar una afirmación que adopte una posición en torno a un tema controvertido, relacionado con la materia; dividir la clase en dos equipos de debate; luego crear de dos a cuatro subgrupos dentro de cada equipo; acomodar de dos a cuatro sillas; empezar el debate pidiendo a los portavoces sus puntos de vista, referirse a este proceso como ¨argumentos iniciales; cuando todos hayan escuchados los argumentos iniciales, detener el debate y volver a reunir los subgrupos originales, pedir que elaboren unas estrategias para rebatir los argumentos del bando opuesto, nuevamente, indicarles que elijan a un portavoz, diferente del anterior; reanudar el debate, hacer a los portavoces, sentados frente a frente que refuten los argumentos del otro bando, a medida que continúe el debate (asegurarse de que ambos lados alternen) estimular al resto de los alumnos a sugerir argumentos o refutaciones pasando notas a sus portavoces, y vitorear o aplaudir los argumentos de sus representantes; cuando parezca apropiado, finalizar el debate, en lugar de declarar a un vencedor, reunir a toda la clase en un solo círculo, asegurarse de que ambos bandos estén bien entremezclados, iniciar una conversación sobre lo que se pudo aprender sobre el tema a partir del debate, también pedir a los alumnos identifiquen cuales consideraron que fueron los mejores argumentos propuestos por ambos bandos.

Leer en voz alta

Esta estrategia se parece bastante a una sesión de estudios bíblicos. Tiene efecto de centrar la atención y crear un grupo unido.

Procedimiento: Elegir un texto bastante interesante como para ser leído en voz alta, de no más de quinientas palabras; presentar

Camerina Cobos Varilla

el texto antes los estudiantes, resaltar los puntos clave o temas que habrán de tratarse; marcar las sesiones del texto, pedir voluntarios para leer las distintas secciones en voz alta; a medida que avance la lectura, detener a la persona para subrayar ciertos puntos, plantear preguntas o brindar ejemplos, entonces proceda con el análisis del texto.

Búsqueda de información

Se define como el conjunto de procedimientos y operaciones que un usuario realiza con el fin de obtener información necesaria para resolver un problema.

Procedimiento: Elaborar un conjunto de preguntas que puedan ser respondidas buscando información en el material que el documento ha brindado a los alumnos, éste puede incluir folletos, documentos, un libro de texto, guías de referencia, información a la cual se accede por computadora, artefactos, equipos; repartir las preguntas sobre el tema; hacer que los alumnos busquen la información en equipos; examinar las respuestas con toda la clase, elaborarlas para ampliar el ámbito de la experiencia.

Repaso del tema

Esta estrategia desafía a los alumnos a recordar lo que han aprendido en cada uno de los temas o unidades de la materia. Es una excelente manera de permitirles reexaminar el contenido cubierto por el docente.

Procedimiento: Al final de una clase, presentar a los alumnos una lista de los temas abarcados, explicar que uno desea averiguar qué recuerdan sobre ellos y que han olvidado, mantener un ambiente informal de modo que no se sientan amenazados por la actividad; pedir a los alumnos que recuerden de qué se trataba cada tema y todos los detalles posibles, formular preguntas como las siguientes: *¿A qué se refiere este?, ¿por qué es importante?, ¿quién puede darme un ejemplo de lo que hemos aprendido en este tema?, ¿qué valor tiene el tema para ti?, ¿cuáles fueron algunas de las actividades que experimentamos con cada tema?* Si los alumnos recuerdan poco, manejar la situación con humor o culparse uno mismo por no haberlo convertido en un asunto inolvidable; continuar el orden cronológico hasta haber abarcado todo el material del curso (o tanto como permita el tiempo y el interés de los alumnos) *y;* al avanzar en el contenido, hacer todas las observaciones finales que desee.

Crucigrama

Diseñar un ejercicio de repaso en forma de crucigrama invita a la participación inmediata de los alumnos. El crucigrama puede ser completado en forma individual o en equipo.

[92]

Camerina Cobos Varilla

Procedimiento: Determinar entre todos, varios términos clave o nombres relacionado con el curso de un estudio completo; elaborar un crucigrama simple, que incluya todas las palabras posibles que hayan encontrado, pintar de negro los espacios que no necesiten, si es demasiado difícil elaborar un crucigrama con esos términos, incluir ítems divertidos, desconectados de la clase, a modo de relleno; escribir las referencias del crucigrama, puede ser de diferente tipos: Una definición breve, una categoría donde pueda ubicarse la palabra, un ejemplo, un opuesto; distribuir el crucigrama entre los alumnos, ya sea en forma individual o en equipos; establecer límite de tiempo, premiar al individuo o al equipo con la mayor cantidad de respuestas correctas.

Competencias entre equipos

Esta estrategia es una variación del repaso habitual del material. Permite que el docente evalué hasta qué punto los alumnos dominan la materia y sirve para reforzar, aclarar y resumir los puntos clave.

Procedimiento: Dividir a los alumnos en equipos de tres o cuatro miembros, pedir a cada grupo que escoja un nombre que los represente; entregar una tarjeta a cada alumno, los estudiantes la levantarán para indicar que quieren intentar responder a una pregunta, cada vez que el docente formula una pregunta, cualquier miembro de cualquier equipo puede indicar que desea

[93]

responder; explicar las siguientes reglas: Para responder a una pregunta levantar la tarjeta; si se cree conocer la respuesta, se puede levantar la tarjeta antes de que la pregunta haya sido completamente formulada, en el momento en que haya una interrupción, se detiene el enunciado de la pregunta; los equipos se adjudican un punto por cada respuesta correcta de uno de sus miembros: cuando alguien dé una respuesta incorrecta, otro equipo puede responder (si la lectura de la pregunta ha sido interrumpida, puede escucharla completa); cuando se hayan formulado todas las preguntas, sumar los puntos y anunciar a un ganador; a partir de las respuestas del juego, repase cualquier material que haya quedado confuso o necesite un refuerzo.

Revisión de los aprendizajes

Esta estrategia proporciona a los alumnos la ocasión de resumir lo que han aprendido y de presentar su resumen ante los demás. Es una buena manera de instar a los estudiantes a revisar lo que han aprendido por su cuenta.

Procedimiento: Explicar a los alumnos que uno no puede proporcionar un resumen de la clase porque esto sería una contradicción con el principio del aprendizaje activo; dividir a los alumnos en grupos de dos o cuatro miembros; pedir a cada grupo que cree su propio resumen de la clase, estimularlos a elaborar un bosquejo, un mapa mental o cualquier otro medio que les permita

[94]

comunicar el resumen a los demás; utilizar cualquiera de las siguientes preguntas para orientar el trabajo: *¿Cuáles fueron los principales temas que hemos examinados?¿Cuáles fueron algunos de los principales puntos que surgieron en la clase de hoy?¿Qué experiencia has tenido hoy?¿Qué han extraído de ellas?¿Qué idea o sugerencias se llevan de esta clase?*; invitar a los alumnos a compartir sus resúmenes.

[95]

Camerina Cobos Varilla

[96]

Camerina Cobos Varilla

Epílogo

La sociedad actual es dinámica, los cambios se dan de manera rápida, esto nos lleva a considerar que todo ser humano debe aceptar una realidad abierta y desconocida. Desde pequeño hay que enseñarle que unos de los objetivos de la vida es adaptarse a la sociedad a la cual pertenece, integrarse de manera colaborativa y participativa, para ser aceptado y respetado. Y que para poder complementar esta tarea deberá de apropiarse de un conjunto de saberes que esa comunidad considera imprescindible.

Estilos y las estrategias de aprendizaje, aplicación práctica en el aula, nos ofrece la oportunidad de proceder a la renovación o a su aplicación, dentro del proceso enseñanza aprendizaje, para el logro de los aprendizajes esperados por la sociedad.

El docente, como los alumnos, deben ser responsables y activos en sus procesos de aprendizaje. El docente puede considerar en su planeación diversas estrategias de aprendizaje, sin olvidar asumir una posición abierta a la participación, ya que se sabe que no hay una receta que nos diga cuál es la estrategia en base a los estilos de aprendizaje que se van a tomar en cuenta para el aprendizaje

[97]

Camerina Cobos Varilla

en el aula, tanto los recursos y los materiales que se utilicen van a depender de las necesidades del grupo. Por ello el docente deberá de aplicar al inicio su evaluación diagnostica, para conocer los conceptos previos que manejan los alumnos, sus necesidades e intereses, habilidades para reconocer y responder a su ritmo al estilo de aprendizaje y el tipo de estrategia para la ejecución de sus tareas. Este diagnóstico sobre el grupo le abrirá las puertas para saber cómo va trabajar con él. Como lo menciona Keefe, los estilos de aprendizaje son los rasgos cognitivos, fisiológicos y afectivos que servirán como indicadores de cómo los alumnos perciben, interactúan y responden a los diferentes ambientes de trabajo. Sabemos que cada alumno es un mundo diferente y cada uno de ellos en su vida cotidiana tiene situaciones distintas y esto exige de un distinto enfoque a la hora de adquirir los conocimientos.

Los alumnos además de utilizar sus habilidades cognitivas y metacognitivas deben ser capaces de saber jerarquizar, organizar, y priorizar sus aprendizajes. Los docentes deben de ayudar a este proceso aplicando estrategias para desarrollar sus estilos de aprendizaje en la práctica de manera adecuada.

Recordemos la definición de estilos de aprendizaje. Dunn sostiene que cada persona aprende de manera diferente y a su velocidad, curiosidad e incluso intereses. Hay personas que utilizan como vías de aprendizaje la audición, otras la visión, otras ambas y otras más mezclan muchos factores.

El aprendizaje es un conocimiento de cada situación, de cada persona y de cada entorno en que nos encontrarnos. Conociendo los estilos de aprendizaje en base a los elementos que cita Dunn y aplicando el modelo de Honey y Mumford, en la descripción de los estilos más detallada, se basa en la acción de los sujetos: Activos, Reflexivos, Teóricos y Pragmáticos. Esta clasificación se relaciona directamente con la inteligencia que poseen los alumnos. Hay algunos que tienen un CI 100 a más.

Hoy Honey y Mumford describen los Estilos de aprendizaje de la forma siguiente:

Estilo activo. Las personas que tienen predominancia en este estilo Activo se implican plenamente y sin perjuicios en nuevas experiencias. Son de mente abierta, nada escépticos y acometen con entusiasmo las tareas nuevas. Son persona de grupo que se involucran en asuntos de los demás y centran a su alrededor todas las actividades.

Estilo Reflexivo: A los reflexivos les gusta considerar las experiencias y perspectivas, Recogen datos, analizándolos con detenimiento antes de llegar a alguna conclusión. Son personas que gustan considerar todas las alternativas posibles antes de realizar un movimiento. Disfrutan observando la actuación de los demás, escuchan a los demás y no intervienen hasta que se han adueñado de la situación.

Estilos Teóricos. Los teóricos adaptan e integran las observaciones dentro de las teorías lógicas y complejas. Tienden a ser perfeccionista, integran los hechos, teorías coherentes. Les gusta analizar y sintetizar. Son profundos en los sistemas de pensamiento a la hora de establecer principios, teorías y modelos.

Estilos Pragmáticos: El punto fuerte de las personas con esta predominancia en estilo pragmático es la aplicación de la práctica de las ideas. Descubren el aspecto positivo de las nuevas ideas y aprovechan la primera oportunidad para experimentarlas. Les gusta actuar rápidamente y con seguridad con aquellas ideas y proyectos que les atraen.

Las aplicaciones prácticas de las teorías de los estilos de aprendizaje para la enseñanza será la que nos lleve a sustentar que la buena adecuación de los estilos de aprendizaje y la aplicación de estrategias de aprendizaje en el aula son el fracaso o el éxito del aprendizaje en el aula.

Las estrategias que se presenta en este libro les permitirán a los lectores que las operen la adquisición de conocimiento, habilidades y actitudes, ya que el aprendizaje cognoscitivo (conocimiento) incluye la obtención de información y conceptos; abarca no solo la compresión de la materia sino también su análisis y su aplicación a nuevas situaciones. El aprendizaje de conductas (habilidades) incluye el desarrollo de la capacidad para realizar las tareas, resolver problemas y expresarse. El aprendizaje emocional (actitudes) abarca el examen y la clarificación de sentimientos y preferencias. Los estudiantes trabajan para evaluarse ellos mismo y su relación personal con la materia. Esto implica que procuran obtener respuestas a preguntas que alguien les formula, que ellos mismos plantean, buscan soluciones a problemas presentados por el docente. Están interesados en obtener información o habilidades para completar las tareas que se les han adjudicado.

Ferreiro considera que el concepto de estrategia ha sido transferido al ámbito de la educación en el marco de las propuestas "enseñar a pensar" y de "aprender a aprender". También explica que las estrategias son el sistema de actividades, acciones y operaciones que permiten la realización de una tarea con la calidad requerida. El empleo de una estrategia nos orienta al objetivo, nos da una secuencia racional que permite economizar el tiempo, recursos, esfuerzo y, los más importante, nos da la seguridad de lograr lo que queremos obtener y de la manera más adecuada para ello.

Cierro con la siguiente reflexión *¿Cómo aprenden las personas?* La respuesta común es por experiencia y observación. Lógicamente entonces tenemos que preguntarnos *¿Cómo es que vivimos o procesamos una experiencia?* Klaus Medalander en *El*

Camerina Cobos Varilla

arte de aprender, presenta el proceso de aprendizaje desde una perspectiva holística o integral. La premisa del señor Medalander es que el ser humano generalmente vive o aprende de las cosas que suceden, vistas como objetos completos u organismos, antes de aprender o conocer sus partes o componentes. Él pone como ejemplo el cómo aprendemos a manejar una bicicleta. Cuando éramos niños aprendimos a subirnos a la bicicleta, estudiando o conociendo sus partes o componentes, es decir, una bicicleta tiene dos llantas con rayos, manubrio, frenos, pedales, cadena, engranes, asiento, polveras, etc. y los integramos todos en nuestra mente. No simplemente tomamos la bicicleta, nos subimos a ella, e intentamos conducirla. O muy posiblemente, nuestro papá, mamá o hermano corrió a nuestro lado, deteniendo la bicicleta hasta que nos pudimos mantener solos manejándola sin caernos.

Esta reflexión permite acentuar que el docente tendrá que utilizar estrategias centradas en la práctica educativa de contextos reales. Como lo cita Dewey: El aprendizaje experiencial en contextos reales activos generan cambios en la persona y en su entorno, no sólo va al "interior del cuerpo y alma" del que aprende, sino que se utilizan y transforman los ambientes físicos y sociales para extraer lo que contribuye a experiencias valiosas y establecer un fuerte vínculo entre el aula y la comunidad.

Camerina Cobos Varilla

Por eso si las estrategias están orientadas a la reflexión, el autoconocimiento y metacognición del alumno, asociadas a su contexto, el alumno mejora su rendimiento académico.

Camerina Cobos Varilla

[104]

Camerina Cobos Varilla

Bibliografía

Argudín, Y., & Luna, M. (2006). *Aprender a pensar leyendo bien.* México: Paidos.

Ausubel P., D. (2002). *Adquisición y retención del conocimiento: Una perspectiva cognitiva.* Barcelona, España: Paidos Ibérica.

Ausubel P., D., D. Novak, J., & Hanesian, H. (2012). *Psicología educativa, un punto de vista cognoscitivo.* México: Trillas.

Buzan, T. (2017). *El libro de los mapas mentales.* México: Urano.

Cassany, D. (2010). *Afilar el lapicero.* Barcelona, España: Anagrama.

Cassany, D. (2013). *La cocina de la escritura.* Barcelona, España: Anagrama.

Cassany, D. (2014). *En_línea: leer y escribir en la red.* México: Anagrama.

Coll, C., Palacios, J., & Marchesi, A. (1990). *Desarrollo psicológico y educación II. Psicología de la educación.* Madrid, España: Alianza Psicología.

Cruz Pérez, J. L. (2018). *Por los caminos de la investigación.* Guadalajara, México: ISICE.

Cruz Pérez, J. L. (2018). *Reformas educativas: mitos y realidades.* Guadalajara: ISICE.

Cruz Pérez, J., Enríquez González , A., & Duro Novoa, V. (2017). *Del saber ser al hacer (una aproximación teórica al quehacer y actitud docente.* Guadalajara, México: Ediciones de la noche.

Díaz Barriga Arceo, F., & Hernández Rojas, G. (1998). *Estrategias de aprendizaje para la promoción del aprendizaje significativo. Una interpretación constructivista.* México: Mc. Graw Hill.

Guajardo González, G., & Serrano Franco, F. (2001). *Guía técnica para elaborar un ensayo.* Querétaro, México.: Facultad de filosofía de la Universidad Autónom de Querétaro.

M. Alonso, C., J. Gallego, D., & Honey, P. (2007). *Los estilos de aprendizaje, procedimientos de diagnóstico y mejora.* Bilbao: Mensajero.

Ontoria, A., Ballesteros, A., Cuevas, M., Giraldo , L., I., M., Molina, A., y otros. (2011). *Mapas conceptuales, una técnica para aprender.* España: Narcea.

Pérez Porto, J., & Merino , M. (2011). Recuperado el 6 de Octubre de 2019, de https://definicion.de/analogia/

Pérez Porto, J., & Merino, M. (2008). *Harvard Kennedy School.* Recuperado el 6 de octubre de 2019, de https://definicion.de/estrategia/

Camerina Cobos Varilla

Sánchez Puente, R. (1993). *Didáctica de la problematización en el campo científico de la educación.* México: UPN.

Tobón, S., Guzmán, C., Vélez, Y., & Nambo, S. (2016). *Socioformación y sociedad del conocimiento: Experiencias en organizaciones empresariales, educativas y comunitarias.* Fl. Estados Unidos: Mount Dora.

Camerina Cobos Varilla

www.ingramcontent.com/pod-product-compliance
Lightning Source LLC
Chambersburg PA
CBHW021447210526
45463CB00002B/673

Intricate Mandala
Coloring Books
For Adults